国家出版基金项目
NATIONAL PUBLICATION FOUNDATION

"十三五"国家重点出版物出版规划项目

中 国 生 物 物 种 名 录

第三卷 菌 物

壶菌 接合菌 球囊霉
CHYTRID, ZYGOMYCOTAN, GLOMEROMYCOTAN FUNGI

郑儒永 刘小勇 编著

U0304528

北 京

内 容 简 介

本书收集和汇总了 1940～2015 年国内外学者对我国壶菌、接合菌和球囊霉的记载，成书过程中，参考了大量著作和国内外学术文献，系统地收集了中国壶菌、接合菌和球囊霉的物种名称，其中壶菌23种，隶属于4纲6目14科20属；接合菌265种，隶属于1纲10目25科63属；球囊霉164种，隶属于1纲4目9科22属，列出了它们的正确名称，提供了其基原异名及主要同物异名，尤其是我国曾经报道或使用过的名称。学科在发展，真菌分类系统在不断更新，分类观点也随之发生变化，书中试图采用当前最合理的物种名称。

本书可供生物学、菌物学、植物检疫、自然资源开发等方面的工作者，以及大专院校和科研单位相关专业师生并其他有关人员参考。

图书在版编目（CIP）数据

中国生物物种名录. 第三卷. 菌物. 壶菌. 接合菌. 球囊霉/郑儒永，刘小勇编著.
—北京：科学出版社，2018.8

"十三五"国家重点出版物出版规划项目　国家出版基金项目

ISBN 978-7-03-058150-1

Ⅰ.①中…　Ⅱ.①郑…②刘…　Ⅲ.①生物–物种–中国–名录②壶菌纲–物种–中国–名录③接合菌纲–物种–中国–名录　Ⅳ.①Q152-62②Q949.32-62

中国版本图书馆CIP数据核字（2018）第134313号

责任编辑：马　俊　王　静　付　聪　侯彩霞/责任校对：郑金红
责任印制：张　伟/封面设计：刘新新

科学出版社 出版

北京东黄城根北街16号
邮政编码：100717
http://www.sciencep.com

北京厚诚则铭印刷科技有限公司　印刷
科学出版社发行　　各地新华书店经销

*

2018年8月第　一　版　　开本：889×1194 1/16
2019年3月第二次印刷　　印张：4 3/4
字数：168 000

定价：**80.00**元
（如有印装质量问题，我社负责调换）

Species Catalogue of China

Volume 3 Fungi

CHYTRID, ZYGOMYCOTAN, GLOMEROMYCOTAN FUNGI

Authors: Ruyong Zheng   Xiaoyong Liu

Science Press

Beijing

《中国生物物种名录》编委会

主　任（主　编）　陈宜瑜

副主任（副主编）　洪德元　刘瑞玉　马克平　魏江春　郑光美

委　员（编　委）

卜文俊　南开大学　　　　　　　　　　　　陈宜瑜　国家自然科学基金委员会

洪德元　中国科学院植物研究所　　　　　　纪力强　中国科学院动物研究所

李　玉　吉林农业大学　　　　　　　　　　李枢强　中国科学院动物研究所

李振宇　中国科学院植物研究所　　　　　　刘瑞玉　中国科学院海洋研究所

马克平　中国科学院植物研究所　　　　　　彭　华　中国科学院昆明植物研究所

覃海宁　中国科学院植物研究所　　　　　　邵广昭　台湾"中央研究院"生物多样性
　　　　　　　　　　　　　　　　　　　　　　　　研究中心

王跃招　中国科学院成都生物研究所　　　　魏江春　中国科学院微生物研究所

夏念和　中国科学院华南植物园　　　　　　杨　定　中国农业大学

杨奇森　中国科学院动物研究所　　　　　　姚一建　中国科学院微生物研究所

张宪春　中国科学院植物研究所　　　　　　张志翔　北京林业大学

郑光美　北京师范大学　　　　　　　　　　郑儒永　中国科学院微生物研究所

周红章　中国科学院动物研究所　　　　　　朱相云　中国科学院植物研究所

庄文颖　中国科学院微生物研究所

工　作　组

组　长　马克平

副组长　纪力强　覃海宁　姚一建

成　员　韩　艳　纪力强　林聪田　刘忆南　马克平　覃海宁　王利松　魏铁铮
　　　　　　薛纳新　杨　柳　姚一建

总　序

　　生物多样性保护研究、管理和监测等许多工作都需要翔实的物种名录作为基础。建立可靠的生物物种名录也是生物多样性信息学建设的首要工作。通过物种唯一的有效学名可查询关联到国内外相关数据库中该物种的所有资料，这一点在网络时代尤为重要，也是整合生物多样性信息最容易实现的一种方式。此外，"物种数目"也是一个国家生物多样性丰富程度的重要统计指标。然而，像中国这样生物种类非常丰富的国家，各生物类群研究基础不同，物种信息散见于不同的志书或不同时期的刊物中，加之分类系统及物种学名也在不断被修订。因此建立实时更新、资料翔实，且经过专家审订的全国性生物物种名录，对我国生物多样性保护具有重要的意义。

　　生物多样性信息学的发展推动了生物物种名录编研工作。比较有代表性的项目，如全球鱼类数据库（FishBase）、国际豆科数据库（ILDIS）、全球生物物种名录（CoL）、全球植物名录（TPL）和全球生物名称（GNA）等项目；最有影响的全球生物多样性信息网络（GBIF）也专门设立子项目处理生物物种名称（ECAT）。生物物种名录的核心是明确某个区域或某个类群的物种数量，处理分类学名称，厘清生物分类学上有效发表的拉丁学名的性质，即接受名还是异名及其演变过程；好的生物物种名录是生物分类学研究进展的重要标志，是各种志书编研必需的基础性工作。

　　自 2007 年以来，中国科学院生物多样性委员会组织国内外 100 多位分类学专家编辑中国生物物种名录；并于 2008 年 4 月正式发布《中国生物物种名录》光盘版和网络版（http://www.sp2000.org.cn/），此后，每年更新一次；2012 年版名录已于同年 9 月面世，包括 70 596 个物种（含种下等级）。该名录自发布受到广泛使用和好评，成为环境保护部物种普查和农业部作物野生近缘种普查的核心名录库，并为环境保护部中国年度环境公报物种数量的数据源，我国还是全球首个按年度连续发布全国生物物种名录的国家。

　　电子版名录发布以后，有大量的读者来信索取光盘或从网站上下载名录数据，取得了良好的社会效果。有很多读者和编者建议出版《中国生物物种名录》印刷版，以方便读者、扩大名录的影响。为此，在 2011 年 3 月 31 日中国科学院生物多样性委员会换届大会上正式征求委员的意见，与会者建议尽快编辑出版《中国生物物种名录》印刷版。该项工作得到原中国科学院生命科学与生物技术局的大力支持，设立专门项目，支持《中国生物物种名录》的编研，项目于 2013 年正式启动。

　　组织编研出版《中国生物物种名录》（印刷版）主要基于以下几点考虑。①及时反映和推动中国生物分类学工作。"三志"是本项工作的重要基础。从目前情况看，植物方面的基础相对较好，2004 年 10 月《中国植物志》80 卷 126 册全部正式出版，*Flora of China* 的编研也已完成；动物方面的基础相对薄弱，《中国动物志》虽已出版 130 余卷，但仍有很多类群没有出版；《中国孢子植物志》已出版 80 余卷，很多类群仍有待编研，且微生物名录数字化基础比较薄弱，在 2012 年版中国生物物种名录光盘版中仅收录 900 多种，而植物有 35 000 多种，动物有 24 000 多种。需要及时总结分类学研究成果，把新种和新的修订，包括分类系统修订的信息及时整合到生物物种名录中，以克服志书编写出版周期长的不足，让各个方面的读者和用户及时了解和使用新的分类学成果。②生物物种名称的审订和处理是志书编写的基础性工作，名录的编研出版可以推动生物志书的编研；相关学科如生物地理学、保护生物学、生态学等的研究工作需要及时更新的生物物种名录。③政府部门和社会团体等在生物多样性保护和可持续利用的实践中，希望及时得到中国物种多样性的统计信息。④全球生物物种名录等国际项目需要中国生物物种名录等区域性名录信息不断更新完善，因此，我们的工作也可以在一定程度上推动全球生物多样性编目与保护工作的进展。

编研出版《中国生物物种名录》（印刷版）是一项艰巨的任务，尽管不追求短期内涉及所有类群，也是难度很大的。衷心感谢各位参编人员的严谨奉献，感谢几位副主编和工作组的把关和协调，特别感谢不幸过世的副主编刘瑞玉院士的积极支持。感谢国家出版基金和科学出版社的资助和支持，保证了本系列丛书的顺利出版。在此，对所有为《中国生物物种名录》编研出版付出艰辛努力的同仁表示诚挚的谢意。

虽然我们在《中国生物物种名录》网络版和光盘版的基础上，组织有关专家重新审订和编写名录的印刷版。但限于资料和编研队伍等多方面因素，肯定会有诸多不尽如人意之处，恳请各位同行和专家批评指正，以便不断更新完善。

陈宜瑜

2013 年 1 月 30 日于北京

菌物卷前言

　　《中国生物物种名录》（印刷版）菌物卷包括国内研究比较成熟的门类，涵盖菌物的各大类群。全卷共计五册名录和一册总目录，其中盘菌、地衣各单独为一册，而锈菌与黑粉菌，壶菌、接合菌与球囊霉，黏菌（包括根肿菌）与卵菌则分别各自组成一册。本卷五册名录提供各个分类单元的中文名称（汉语学名、别名和曾用名）、拉丁学名及其发表的原始文献、地理分布和报道国内分布的文献等信息。此外，也尽量提供有关模式材料的信息，尤其是模式标本来自我国的分类单元。异名主要包括基原异名和与我国物种分布有关的文献报道中出现的名称。总目录一册包括本卷各册名录所涉及的全部菌物，为索引性质，不包括异名、分布及文献等信息。菌物卷各册分别在各大类群下按分类单元的拉丁学名字母顺序排列，共约7000种。

　　为了保持菌物卷内容及格式的统一，便于读者查阅，我们拟定了菌物名录编写原则和格式。分类单元的汉语学名以中国科学院微生物研究所1976年发表的《真菌名词及名称》中所采用的名称为基础，并根据戴芳澜1979年发表的《中国真菌总汇》和郑儒永等1990年发表的《孢子植物名词及名称》中所采用的名称作必要的修订；地衣型真菌的汉语学名则以Wei 1991年发表的 *An Enumeration of the Lichens in China* 中所采用的名称为基础。本卷所收录的分类单元若不在此范围，则依据中国植物学会真菌学会1987年发表的《真菌、地衣汉语学名命名法规》选择或新拟汉语学名，并在名称结尾处方括号内写明名称的来源，如新拟的汉语学名在名称结尾处加"[新拟]"来标注。汉语别名收录数量不超过3个，由作者根据其使用的广泛性进行排列，注意在使用时要选用该分类单元特产地所用的别名，以及应用行业（如食药用菌）的名称。汉语学名用黑体，别名和曾用名在其后，包括在小括号内，用白宋体。新拟汉语学名遵循已有的命名惯例，如根据菌物特征和产地等来命名，慎用人名，种级名称长度一般不超过8个汉字（含种加词和属名）。

　　国内的分布准确到省级行政区，并按以下顺序进行排列：黑龙江、吉林、辽宁、内蒙古、河北、天津、北京、山西、山东、河南、陕西、宁夏、甘肃、青海、新疆、安徽、江苏、上海、浙江、江西、湖南、湖北、四川、重庆、贵州、云南、西藏、福建、台湾、广东、广西、海南、香港、澳门。为了便于国外读者阅读，将省级行政区英文缩写括注在中文名之后，缩写说明见附表。各省（自治区、直辖市、特别行政区）名称之间用顿号分开，如果随后列有跨省的山脉、流域或大区的名称以逗号结束，国内所有分布列举完毕用分号结束。分布存疑的省（自治区、直辖市、特别行政区），以问号（？）加省（自治区、直辖市、特别行政区）名称表示，排在确定分布的省（自治区、直辖市、特别行政区）之后。当大区与已有分布的省级行政区出现重叠、交叉时，因无法确认大区中具体分布的省份，为了保证分布范围不缩小，本卷不对大区进行删除，保留大区名称作为参考，如国内分布"黑龙江、河北、黄淮海地区"中，保留"黄淮海地区"。国外分布按亚洲、欧洲、非洲、北美洲、南美洲和大洋洲的顺序进行排列；在洲以下，按照国家英文名称的字母顺序排列。必要时可用"中亚""太平洋诸岛"等大区域名称。如果是多个国家或泛指时，可用洲名或亚区名称，如欧洲、北非、北美洲、南美洲、大洋洲、泛热带等。区域性名称、旧的国家名称（如苏联）及分布存疑的国家或地区名称置于最后。

《中国生物物种名录》（印刷版）菌物卷的编著得益于 2010 年开始进行的"菌物物种名录数据库建设"项目。该项目由中国科学院生物多样性委员会资助，从文献收集整理、数据库软件设计到相关数据录入，至今已形成了全面包括已报道的在我国分布的菌物物种信息的数据库。目前这个数据库包含两大内容，即《中国真菌总汇》中的信息和自 1970 年以来国内外发表的与我国分布的菌物有关的文献资料。这些信息资料均已数字化，便于查询和分析。

　　本卷计划的各册名录是作者在长期从事相关类群研究的基础上完成的。盘菌卷是庄文颖院士根据长期的研究成果进行汇总而编写成文的。地衣名录以魏江春院士的 *An Enumeration of the Lichens in China* 第二版书稿为基础，按《中国生物物种名录》（印刷版）菌物卷的格式要求进行编排。其他各册则在其相应作者的研究工作，特别是《中国真菌志》的编撰基础上，结合"中国菌物名录数据库"中的信息，通过数据库的信息查询、整理、编排，直接输出名录数据，经作者核查后，确定收入的名录。菌物卷各册名录中分类单元的拉丁学名、命名人、原始文献、分类单元归属关系及现异名关系等信息与格式参考 Index Fungorum（IF；Royal Botanic Gardens，Kew；Landcare Research-NZ；Institute of Microbiology，Chinese Academy of Sciences. 2015. www.indexfungorum.org）数据库。作者的研究结果与 IF 数据库的信息不符时，则以作者的处理为准，并将情况通报给 IF 数据库。

　　菌物卷各册名录通过多次数据整理和修改，并经过相关专家审核，形成最终的版本。各册作者不仅负责具体卷册的编写，还审阅了其他卷册的书稿，感谢各位作者的辛勤劳动和严格把关。在这里我们要感谢魏江春、郑儒永、李玉和庄文颖四位院士，正是他们对名录项目的关心和支持，才保证了菌物卷任务的完成；特别是庄文颖院士在项目进行过程中始终给予的极大关注和指导，使菌物卷得以成功编撰。全国有许多专家学者关心本菌物卷的编写，并以各种方式提供了帮助和支持，尤其是在完成书稿的最后阶段，牛永春研究员、范黎教授、魏鑫丽副研究员、邓晖副研究员、纪力强研究员、覃海宁研究员等专家参与了审稿工作，感谢各位专家的关心、支持和把关。目前，我国的菌物卷名录虽然还不完整，但全面的中国菌物名录有望在不久的将来得以问世，希望有更多的同行专家参与，给予更大的帮助和支持。

　　在此我们衷心感谢《中国生物物种名录》主编陈宜瑜院士和工作组组长马克平研究员对菌物卷的关心和重视，他们的大力支持使得本卷得以顺利出版。同时感谢科学出版社编辑在书稿的编写、审稿、编辑和排版中给予的精心指导和提出的严格要求，保证了全卷的水平和质量；中国科学院生物多样性委员会办公室刘忆南主任在项目执行中给予了多方面的帮助和支持，使项目能够平稳运转。

　　菌物卷工作组最初由姚一建研究员、魏铁铮副研究员和杨柳高级实验师组成，但参加本项目具体实施工作的人员很多，特别是在李先斌先生和赵明君女士加入后，工作组的力量得到了很大增强。我们也特别感谢苏锦河博士和王娜女士设计了"中国菌物名录数据库"软件包并在网络上安装运转，赵明君女士、刘朴博士、蒋淑华博士和徐彪博士等同行进行了大量枯燥的信息录入工作，李先斌先生负责早期的数据管理、提取和书稿的版面编排工作，赵明君女士和王科博士做了后期的数据处理、书稿修改工作，同时也得到了中国科学院微生物研究所菌物标本馆的邓红和吕红梅两位老师的全力配合。正是他们的默默的奉献才奠定了菌物卷名录印刷版编研的基础。最后，再次对众多同行专家的贡献表示诚挚的谢意。

《中国生物物种名录》菌物卷工作组

2018 年 4 月

中国各省（自治区、直辖市和特别行政区）名称和英文缩写
Abbreviations of provinces, autonomous regions and special administrative regions in China

Abb.	Regions	Abb.	Regions	Abb.	Regions	Abb.	Regions	Abb.	Regions	Abb.	Regions
AH	Anhui	GX	Guangxi	HK	Hong Kong	LN	Liaoning	SD	Shandong	XJ	Xinjiang
BJ	Beijing	GZ	Guizhou	HL	Heilongjiang	MC	Macau	SH	Shanghai	XZ	Xizang
CQ	Chongqing	HB	Hubei	HN	Hunan	NM	Inner Mongolia	SN	Shaanxi	YN	Yunnan
FJ	Fujian	HEB	Hebei	JL	Jilin	NX	Ningxia	SX	Shanxi	ZJ	Zhejiang
GD	Guangdong	HEN	Henan	JS	Jiangsu	QH	Qinghai	TJ	Tianjin		
GS	Gansu	HI	Hainan	JX	Jiangxi	SC	Sichuan	TW	Taiwan		

前　言

俗称为壶菌（chytrid fungi）、接合菌（zygomycotan fungi）和球囊霉（glomeromycotan fungi）的真菌类群，传统上属于藻状菌（phycomycetes）或称低等真菌（lower fungi）。这些低等真菌，目前少部分移入菌藻界（the Kingdom Chromista）和原生动物界（the Kingdom Protozoa），多数仍然留在真菌界（the Kingdom Fungi）。

自从 2001 年 D.J.S. Barr 对当时包含所有壶菌的壶菌门（Chytridiomycota）进行综述以来，分子系统发育学研究结果已经极大地增进了我们对其进化关系的理解，将学者的注意力集中到具有系统发育信息的游动孢子超微结构，同时更为清晰地了解了菌体特征的趋同现象。现在已经从传统的壶菌门中分出 4 个单系的新门：芽枝霉门（Blastocladiomycota）、隐菌门（Cryptomycota）、单毛菌门（Monoblepharidomycota）和新靓鞭菌门（Neocallimastigomycota）。对于与传统壶菌关系密切的隐菌门（Cryptomycota），有观点认为属于原生生物界。现代分子技术，尤其是宏基因组方法让我们能够检测到环境样品中隐藏着的不可培养的壶菌，并能揭示其普遍且大量存在的本质。壶菌的生境包括陆生环境和水生环境，尤其是各种胁迫环境，如缺氧的深海冷渗与深海热泉、高海拔暴露土壤和地球两极高纬度土壤。作为真菌进化的基部成员，壶菌是重建真菌祖先特征和推测真菌辐射进化动力的关键类群，由此激起了学术界强烈的研究兴趣。由于能寄生于植物和动物，壶菌也受到自然资源保护者的关注。

接合菌门（Zygomycota）曾经分为毛菌纲（Trichomycetes）和接合菌纲（Zygomycetes）。根据《国际藻类、真菌和植物命名法规》的规定，接合菌门一直没有被合格发表过。目前学术界有建议不将该门合格化，也不将其作为正式的分类群名称，毛菌纲和接合菌纲也不再作为分类学上的正式等级，但考虑到其包含的生物之间有着相似的习性和生境，而将其首字母小写（即 trichomycetes 和 zygomycetes）作为普通名称来表明这些生物之间的密切关系。在更大的范围内，采用接合菌这个普通名称来代表曾经属于接合菌门的所有类群。传统意义上的接合菌营腐生生活，或者是动物、植物和其他菌物的寄生菌，或者是植物外生菌根菌和节肢动物（包括昆虫及其幼虫）肠道共生生物。营养方式在传统上被认为是目级分类的一个重要标准，目下等级的分类主要基于繁殖结构的形态。目前已知传统接合菌中有 4 个目已经分离出去：变形毛菌目（Amoebidales）和外毛菌目（Eccrinales）归于原生动物界，球囊霉目（Glomerales）和地管囊霉目（Geosiphonales）归于球囊霉门（Glomeromycota）。留存在现代接合菌中的 11 个目的高阶归类方案如下：①虫霉门（Entomophthoromycota）包含蛙粪霉目（Basidiobolales）、虫霉目（Entomophthorales）和最近描述的新接霉目（Neozygitales）；②梳霉亚门（Kickxellomycotina，门的等级待定）包含内孢毛菌目（Asellariales）、双珠霉目（Dimargaritales）、钩孢毛菌目（Harpellales）和梳霉目（Kickxellales）；③被孢霉亚门（Mortierellomycotina，门的等级待定）只含被孢霉目（Mortierellales）；④毛霉亚门（Mucoromycotina，门的等级待定）包含内囊霉目（Endogonales）和毛霉目（Mucorales）；⑤捕虫霉亚门（Zoopagomycotina，门的等级待定）只含捕虫霉目（Zoopagales）。

球囊霉门（Glomeromycota）是真菌中的一个单系类群，专性活体营养，与植物形成丛枝菌根（arbuscular mycorrhiza，AM）。球囊霉传统上根据大型、多核孢子的形态进行描述，这些孢子有时组织起来形成孢子集或者孢子果。这些形态特征极其有限，因此分子数据已经越来越多地补充应用于从门到种的各等级分类单元的描述。另外，完全基于分子标记的研究已经揭示了相当丰富的丛枝菌根真菌（arbuscular mycorrhizal fungi，AMF）的多样性，其中很多是不能对应已经正式描述过的物种，有可能是因为它们不产生孢子以至于一直被忽略。基于 rDNA 的系统发育分析已经将球囊霉门置于双核亚界（Dikarya）的姊妹群位置，其共同特征是能与植物或藻类互利共生；但是蛋白质编码基因树上球囊霉门则与偏系的接合菌聚在同一个谱系，其共同特征是无隔、多核的菌丝和相似的孢子及孢子果。

由于壶菌、接合菌和球囊霉的生物学、生态学和生物多样性研究领域的快速发展，其系统学也将处于一种快速修订和不断更新的状态。本名录希望起到承上启下的作用，兼顾传统与现代，选择较为保守的 Fungal Name、Index Fungorum 和 Mycobank 的分类系统，将壶菌归入以下 4 个明确的纲：芽枝霉纲（Blastocladiomycetes）、壶菌纲（Chytridiomycetes）、单毛菌纲（Monoblepharidomycetes）和新靓鞭菌纲（Neocallimastigomycetes）。接合菌共归入 9 个目，即蛙粪霉目（Basidiobolales）、双珠霉目（Dimargaritales）、内囊霉目（Endogonales）、虫霉目（Entomophthorales）、钩孢毛菌目（Harpellales）、梳霉目（Kickxellales）、被孢霉目（Mortierellales）、毛霉目（Mucorales）和捕虫霉目（Zoopagales），所有目隶属的更高分类等级（纲）待定（incertae sedis），而稠密孢霉属（Densospora）的纲、目、科分类等级均待定。单系的球囊霉归入统一的球囊霉纲（Glomeromycetes）。由于本名录主要是对在中国有记载的壶菌、接合菌和球囊霉进行编目，以便于相关学者和真菌兴趣爱好者进一步查阅相关文献，因此只按照学术界普遍接受的上述分类系统进行组织编排，整理同物异名关系，而不做分类学上的进一步处理。

为了便于使用，本名录在纲、目、科、属、种的等级上均按照拉丁学名的字母顺序进行排列。例如，同一个科中的属按照拉丁学名字母顺序排列；同一个属中的物种按种加词的拉丁字母顺序排列。原则上，异名按照发表时间的先后次序排列，命名法异名在前，分类学异名在后。同模异名归在一起，也按时间顺序进行排列。学名后面的原始文献出处无方括号的年代为正式发表时间，方括号中的年代为文献出版机构预先编排的时间。

虽然涉及中国菌物的分类学研究可追溯到 1775 年，但是记录有中国壶菌、接合菌和球囊霉的文献却推迟到了一个多世纪后的 1901 年。20 世纪前 30 年中，主要的工作由国外学者完成，包括 R. Ma、M. Miura、O.A. Reinking、K. Saito、B.W. Skvortzow、P.H. Sydow 和 Yamazaki 等。直到 1927 年，我国学者才开始报道在我国分布的物种，这些先驱中有戴芳澜、魏岩寿、周宗璜、朱凤美和祝汝佐等。新中国成立后，越来越多的学者加入我国壶菌和接合菌的研究队伍中，其中长期开展相关分类学研究的有中国科学院微生物研究所郑儒永团队、安徽农业大学李增智团队和台北教育大学何小曼团队。除此之外，还有众多的学者在重点研究植物病理、昆虫病害、生物防治、工业微生物、食品微生物和医学微生物的同时，不断报道在中国发现的壶菌和接合菌。球囊霉由于独特的分子系统发育位置和生态特性（与植物形成丛枝菌根），从接合菌中分支出来成为单系的球囊霉门，与其相关的研究主要集中在生态学范围。中国科学院微生物研究所郭良栋课题组在早期的形态学研究基础上，深入开展了大量的菌根分子生态学研究。由于壶菌、接合菌和球囊霉各自的物种数量相较于子囊菌和担子菌来说都非常少，而相关研究又分散在众多的研究领域，因而自从我国真菌学先驱邓叔群的《中国的真菌》（1963）和戴芳澜的《中国真菌总汇》（1979）出版之后，一直没有一个更新的名录用于指导科学研究和生产实践。

为了充分了解我国壶菌、接合菌和球囊霉物种资源的家底与研究现状，为其保护和可持续利用提供基础信息，本名录汇总了 2015 年之前发表的在中国分布的壶菌、接合菌和球囊霉物种，涉及 336 篇文献，126 种中外学术期刊和出版物。主要的学术期刊包括 *Fungal Science*、*Mycotaxon*、*Sydowia*、*Taiwania*、《菌物学报》、《菌物系统》（前身《真菌学报》）、《菌物研究》和《植物病理学报》等；主要书籍有《宁夏荒漠菌物志》、《新疆经济植物真菌病害志》、《新疆植物病害识别手册》、*Fungi of Northwestern China* 和《中国真菌志 第十三卷 虫霉目》。截至 2014 年年底，文献记载的我国壶菌、接合菌和球囊霉共计 6 纲 20 目 48 科 105 属 452 种。

原始资料中不正确的拉丁学名，经过与 Index Fungorum 比对予以订正。比如，*Fungi of Northwestern*

China（Zhuang 2005）中的 *Mucor corticolus*，明显错误，订正为 *Mucor corticola*。

各分类单元的中文名称，除个别需要说明的情况外，一般遵循两版《真菌名词及名称》（中国科学院微生物研究所 1976，1986）及《中国真菌总汇》（戴芳澜 1979）的翻译。需要特别说明的例子如下：王承芳等（2010a）在《耳霉属的三个中国新记录种》中将 *Conidiobolus heterosporus* 翻译为"异形孢耳霉"，而《真菌名词及名称》中将 *C. incongruus* 翻译为"异孢耳霉"，两者容易混淆，根据词义，本书按照《中国真菌志　第十三卷　虫霉目》的译法，将《真菌名词及名称》中的 *C. incongruus* 修订为"不合耳霉"；按照《蚊幼虫致病真菌——印度雕蚀菌游动孢子的生态因素观察》（孙建华等 1994）的译法，*Coelomomyces indicus* 使用"印度雕蚀菌"，而将《真菌名词及名称》中的 *C. indiana* "印度雕蚀菌"修订为"印第安纳雕蚀菌"。

若以上两套书没有收录但中文文献中有一至多个中文名称，除有明显错误之外，一般遵循优先权的原则进行选择，并标明出处。唐振尧和臧穆（1984）在《内囊霉科检索表的增补和新种——柑桔球囊霉》中将 *Endogone verrucosa* 翻译为"疣裘内囊霉"，本名录将其修订为"疣球内囊霉"；鉴于 *Gigaspora* 已经翻译为"巨孢囊霉属"，文献中其他带有"巨孢囊霉"字样的翻译在本名录中将予以修订，*Scutellospora* "盾巨孢囊霉属"修订为"盾孢囊霉属"。

文献中明显错误的中文名（不能作为中文别名），如 *Fungi of Northwestern China*（Zhuang 2005）中的 *Pandora blunckii* "北虫疠霉"应该是"布伦克虫疠霉"；《伊曲康唑治疗 1 例原发性皮肤毛霉病》（王俊杰和廖元兴 1999）中的 *Mucor hiemalis* f. *luteus* "冻土毛霉黄色（土黄色）变种"应该是"冻土毛霉纯黄变型"；《泰山丛枝菌根真菌群落结构特征》（钟凯等 2010）一文中的 *Acaulospora lacunosa* "光壁无梗囊霉"应该是"浅窝无梗囊霉"；《秦巴山区黑木耳香菇生产中常见杂菌及防治》（李树森等 1992）、《江西板栗坚果采后病害发生动态》（王卫芳等 2000）、《大围山自然保护区土壤真菌名录初报》（王家和等 2000）中的 *Rhizopus stolonifer* "黑根霉"应该是"匍枝根霉"；《古尔班通古特沙漠南缘短命植物根际 AM 真菌群落特征研究》（陈志超等 2008）中的 *Acaulospora lacunosa* "丽孢无梗囊霉"应该是"浅窝无梗囊霉"；《西双版纳地区龙脑香科植物根围的 AM 真菌》（石兆勇等 2003a）中的 *Glomus ambisporum* "两型球囊霉"应该是"双型球囊霉"；《我国大陆寄生蚜虫的病原真菌》（李伟等 2005）中的 *Pandora neoaphidis* "努利虫疠霉"应该是"新蚜虫疠霉"；*Entomophthoralean Fungi in China*（Li et al. 1999）中的 *Pandora neoaphidis* "陕西虫疠霉"应该是"新蚜虫疠霉"；《都江堰亚热带地区常见植物根围的丛枝菌根真菌》（英文）（张英等 2003a）中的 *Glomus delhiense* "缩球囊霉"应该是"德里球囊霉"；《丛枝菌根真菌（AMF）对西南桦溃疡（干腐）病的抗性调查研究》（李丽等 2015）中的 *Funneliformis constrictum* "缩球囊霉"应该是"收缩索形球囊霉"，*Claroideoglomus etunicatum* "幼套球囊霉"应该是"幼碎囊霉"；《滇藏高等真菌的地理分布及其资源评价》（臧穆 1980）中的 *Entomophthora sphaerosperma* "圆孢虫疫霉"应该是"圆孢虫霉"。

组合名的分类单元名称根据基名及其他命名法异名的中文名称进行重新组合而沿用。例如，新组合 *Cunninghamella echinulata* var. *verticillata* "刺孢小克银汉霉轮生变种"沿用其基原异名 *C. verticillata* "轮生小克银汉霉"的译法；《冻土毛霉所致的原发性皮肤毛霉病》（王俊杰等 1998）与《伊曲康唑治疗 1 例原发性皮肤毛霉病》（王俊杰和廖元兴 1999）中 *Mucor hiemalis* f. *luteus* 翻译为"冻土毛霉黄色（土黄色）变种"，该拉丁名的基原异名是 *Mucor luteus* "纯黄毛霉"，因此本名录将根据基原异名将 *Mucor hiemalis* f. *luteus* 新拟中文名为"冻土毛霉纯黄变型"。

文献中尚无中文名称的分类单元，则根据原始描述中的形态特征及其拉丁文词源等拟定汉语学名。如 *Echinochlamydosporium variabile* 翻译为"多变刺垣孢霉"。

属的模式种名称基本上直接采用属的名称，而不对种加词做单独翻译。例如，*Ambomucor seriatoinflatus* 作为 *Ambomucor* "两型毛霉属"的模式种，沿用属名翻译为"两型毛霉"，而不加上种加词

seriatoinflatus 的翻译为"串囊"。

　　需要特别说明的还有种加词"*formosanum*"和"*formosana*"带有殖民色彩，根据国际命名法规的规定，本名录不对其拉丁学名做任何修改，但是在拟定汉语学名时，一律翻译为"台湾"，而不是"福摩萨"。例如，*Glomus formosanum* 翻译为"台湾球囊霉"，*Piptocephalis formosana* 翻译为"台湾头珠霉"。同样，种加词"*mandshurica*"译为"东北"，而不是"满洲里"。例如，*Choanephora mandshurica* 翻译为"东北笄霉"。

　　中国科学院微生物研究所姚一建研究员在百忙之中审阅了稿件、郭良栋研究员针对球囊霉部分提出了宝贵意见和建议，安徽农业大学黄勃教授在虫霉文献的收集及名称的核查方面提供了大量的协助，台北教育大学何小曼教授在台湾文献的收集上提供了无私的帮助，中国科学院微生物研究所李先斌和杨柳两位同志协助进行了细致的编排，中国科学院微生物研究所王亚宁博士录入了大量的文献，西藏大学硕士研究生李政宏对所有相关文献进行了核查与格式的统一，在此一并致谢。

　　传统藻状菌包含的真菌类群，不论是形态还是生态都跨度较大，应用方面涉及的领域也相距甚远，国内外的众多学者开展了大量相关的研究，结果分散发表于各行各业的期刊。因此，本名录的文献收集难免有所遗漏，名称的整理也难免出现疏忽，不足在所难免，敬请读者批评指正，并提出宝贵的意见和建议。

　　尽管如此，仍然希望本名录能助力我国低等真菌的基础研究，推动我国壶菌、接合菌和球囊霉的应用研究跨上一个新台阶。

编著者
2018 年 5 月

目 录

芽枝霉纲 **Blastocladiomycetes** Doweld

芽枝霉目 Blastocladiales H.E. Petersen

芽枝霉科 **Blastocladiaceae** H.E. Petersen

异水霉属
Allomyces E.J. Butler, Ann. Bot. Mem. 25: 1027. 1911.

串珠状异水霉
Allomyces moniliformis Coker & Braxton, J. Elisha Mitchell Scient. Soc. 42 (1-2): 139. 1926.
台湾（TW）。
Volz et al. 1974。

芽枝霉属
Blastocladia Reinsch, Jb. Wiss. Bot. 11: 291. 1877.

芽枝霉
Blastocladia pringsheimii Reinsch, Jb. Wiss. Bot. 11 (2): 367. 1877. **Type:** Germany.
广西（GX）；德国。
张劲等 2013。

雕蚀菌科 **Coelomomycetaceae** Couch ex Couch

雕蚀菌属
Coelomomyces Keilin, Parasitology 13: 226. 1921.

疟蚊雕蚀菌
Coelomomyces indicus A.V.V. Iyengar, J. Elisha Mitchell Scient. Soc. 78: 133. 1962. **Type:** India (West Bengal).
上海（SH）；印度。

刘素兰和徐荫祺 1982；孙建华等 1994；王记祥和马良进 2009。

节壶菌科 **Physodermataceae** Sparrow

节壶菌属
Physoderma Wallr., Fl. Crypt. Germ. 2: 192. 1833.

玉蜀黍节壶菌
Physoderma maydis (Miyabe) Miyabe, Handbook of Plant Diseases of Japan, Ed. 4: 114. 1909.
Physoderma zeae-maydis F.J.F. Shaw, Annls Mycol. 10 (3): 245. 1912.
吉林（JL）、河北（HEB）、北京（BJ）、山东（SD）、河南（HEN）、安徽（AH）、江苏（JS）、四川（SC）、西藏（XZ），黄淮海地区。
赵昌平 1993；金晓华等 1994；旺姆等 2001；王波和史玲莉 2003；李宏 2007；李俊虎等 2010，2011；段显德等 2011；贺字典等 2011；刘宁等 2011。

科的归属有待确定的类群 Familia incertae sedis

腔壶菌属
Coelomycidium Debais., Compt.-Rend. Séances Mém. Soc. Biol. 82: 899. 1919.

蚊蚋腔壶菌［新拟］
Coelomycidium simulii Debais., Compt.-Rend. Séances Mém. Soc. Biol. 82: 899. 1919.
吉林（JL）、北京（BJ）、湖北（HB）。
Adler et al. 1996。

壶菌纲 **Chytridiomycetes** Caval.-Sm.

壶菌目 Chytridiales Cohn

壶菌科 **Chytridiaceae** Nowak.

壶菌属
Chytridium A. Braun, Betracht. Erschein. Verjüng. Natur (Leipzig) p 198. 1851.

壶菌
Chytridium olla A. Braun, Betracht. Erschein. Verjüng. Natur (Leipzig) p 198. 1851. **Type:** Germany.
重庆（CQ）；德国。
Ou 1940。

表生壶菌科 **Chytriomycetaceae** Letcher

表生壶菌属

Chytriomyces Karling, Am. J. Bot. 32 (7): 363. 1945.

多盖表生壶菌 ［新拟］

Chytriomyces multioperculatus Sparrow & Dogma, Arch. Mikrobiol. 89 (3): 195. 1973. **Type:** Dominican Republic.
台湾（TW）；多米尼加。
Chen 2014。

集壶菌科 **Synchytriaceae** J. Schröt.

集壶菌属

Synchytrium de Bary & Woronin, Verh. Naturf. Ges. Freiburg 3 (2): 46. 1863.

内生集壶菌

Synchytrium endobioticum (Schilb.) Percival, Centbl. Bakt. ParasitKde, Abt. II 25: 131. 1909.
陕西（SN）、甘肃（GS）、江苏（JS）、湖北（HB）、四川（SC）、贵州（GZ）、云南（YN）、西藏（XZ）、广西（GX）。
江式富等 1988；王云月等 2001，2002；李炳清等 2011；代万安等 2012。

小集壶菌

Synchytrium minutum (Pat.) Gäum., Annls Mycol. 25 (1/2): 172. 1927.
甘肃（GS）。
Zhuang 2005。

葛集壶菌

Synchytrium puerariae (Henn.) Miyabe, Bot. Mag., Tokyo 19: 199. 1905.
广东（GD）。
冯岩等 1999；吉同宾等 2007。

油壶菌目 Olpidiales Caval.-Sm.

油壶菌科 **Olpidiaceae** J. Schröt.

油星壶菌属

Olpidiaster Pascher, Beih. Bot. Zbl., Abt. 2 35: 578. 1917.

甘蓝油星壶菌 ［新拟］

Olpidiaster brassicae (Woronin) Doweld, Index Fungorum 128: 1. 2014.
Olpidium brassicae (Woronin) P.A. Dang., Annls Sci. Nat., Bot., sér. 7 4: 327. 1886.
新疆（XJ）。

蒋军喜等 1999。

油壶菌属

Olpidium (A. Braun) J. Schröt., Krypt.-Fl. Schlesien 3 (1): 180. 1886.

花粉油壶菌

Olpidium luxurians (Tomaschek) A. Fisch., Rabenh. Krypt.-Fl., Edn 2 (Leipzig) 1 (4): 29. 1892.
重庆（CQ）。
Ou 1940。

海滨油壶菌

Olpidium maritimum Höhnk & Aleem, Veröff. Inst. Meeresf. Bremerhaven 2: 227. 1953. **Type:** Germany.
广西（GX）；德国。
周志权和黄泽余 2001。

蚕豆油壶菌

Olpidium viciae Kusano, J. Coll. Agric. Imp. Univ. Tokyo 4: 141. 1912.
陕西（SN）、甘肃（GS）、四川（SC）、西藏（XZ）；日本。
辛哲生等 1982，1984；林大武和崔广程 1989；严吉明和叶华智 2012，2013。

根生壶菌目 Rhizophydiales Letcher

格氏壶菌科 **Globomycetaceae** Letcher

格氏壶菌属

Globomyces Letcher, Mycol. Res. 112 (7): 777. 2008.

松花格氏壶菌 ［新拟］

Globomyces pollinis-pini (A. Braun) Letcher, Mycol. Res. 112 (7): 777. 2008.
Rhizophydium pollinis-pini (A. Braun) Zopf, Abh. Naturforsch. Ges. Halle 17: 82. 1887.
云南（YN）。
杨发蓉和丁骅孙 1986；杨发蓉 1992。

陆栖根壶菌科 **Terramycetaceae** Letcher

布思壶菌属

Boothiomyces Letcher, Mycol. Res. 110 (8): 911. 2006.

大孢布思壶菌 ［新拟］

Boothiomyces macroporosus (Karling) Letcher, Mycol. Res. 110 (8): 911. 2006.
Rhizophydium macroporosum Karling, Sydowia 20: 76. 1968 [1966].
台湾（TW）；新西兰。
Chen & Chien 1996。

科的归属有待确定的类群 Familia incertae sedis

蛙壶菌属

Batrachochytrium Longcore, Pessier & D.K. Nichols, Mycologia 91 (2): 220. 1999.

攀树蛙壶菌 [新拟]

Batrachochytrium dendrobatidis Longcore, Pessier & D.K. Nichols, Mycologia 91 (2): 220. 1999. **Type:** United States (New York).

四川（SC）、广东（GD）；美国、澳大利亚。

于业辉等 2006；曾朝辉等 2011，2012。

球囊霉纲 Glomeromycetes Caval.-Sm.

原囊霉目 Archaeosporales C. Walker & A. Schüßler

绕孢囊霉科 Ambisporaceae C. Walker, Vestberg & A. Schüßler

绕孢囊霉属

Ambispora C. Walker, Vestberg & A. Schüßler, Mycol. Res. 111 (2): 147. 2007.

附柄绕孢囊霉 [新拟]

Ambispora appendicula (Spain, Sieverd. & N.C. Schenck) C. Walker, Mycol. Res. 112 (3): 298. 2008.
Acaulospora appendicula Spain, Sieverd. & N.C. Schenck, Mycologia 76 (4): 686. 1984.

山东（SD）、广东（GD）；哥伦比亚。

张美庆等 1998；盖京苹和刘润进 2000；吴丽莎等 2009。

厚皮绕孢囊霉 [新拟]

Ambispora callosa (Sieverd.) C. Walker, Vestberg & A. Schüßler, Mycol. Res. 111 (2): 148. 2007.
Glomus callosum Sieverd., Angew. Bot. 62 (5-6): 374. 1988.

湖北（HB）、云南（YN）、福建（FJ）、广东（GD）；刚果（金）。

彭生斌等 1990；姜攀等 2012。

多产绕孢囊霉 [新拟]

Ambispora fecundispora (N.C. Schenck & G.S. Sm.) C. Walker, Mycol. Res. 112 (3): 298. 2008.
Glomus fecundisporum N.C. Schenck & G.S. Sm., Mycologia 74 (1): 81. 1982.

山东（SD）、宁夏（NX）；美国。

张美庆和王幼珊 1991a；王幼珊等 1998；钱伟华和贺学礼 2009。

格氏绕孢囊霉 [新拟]

Ambispora gerdemannii (S.L. Rose, B.A. Daniels & Trappe) C. Walker, Vestberg & A. Schüßler, Mycol. Res. 111 (2): 148. 2007.
Glomus gerdemannii S.L. Rose, B.A. Daniels & Trappe, Mycotaxon 8 (1): 297. 1979.
Archaeospora gerdemannii (S.L. Rose, B.A. Daniels & Trappe) J.B. Morton & D. Redecker, Mycologia 93 (1): 186. 2001.

甘肃（GS）、新疆（XJ）、云南（YN），黄河三角洲；美国。

张美庆和王幼珊 1991a；王发园和刘润进 2002a；石兆勇等 2003a；冀春花等 2007。

吉姆绕孢囊霉 [新拟]

Ambispora jimgerdemannii (Spain, Oehl & Sieverd.) C. Walker, Mycol. Res. 112 (3): 298. 2008.
Acaulospora gerdemannii N.C. Schenck & T.H. Nicolson, Mycologia 71 (1): 193. 1979.

山东（SD）；美国。

吴丽莎等 2009。

薄壁绕孢囊霉 [新拟]

Ambispora leptoticha (N.C. Schenck & G.S. Sm.) C. Walker, Vestberg & A. Schüßler, Mycol. Res. 111 (2): 148. 2007.
Glomus leptotichum N.C. Schenck & G.S. Sm., Mycologia 74 (1): 82. 1982.
Archaeospora leptoticha (N.C. Schenck & G.S. Sm.) J.B. Morton & D. Redecker, Mycologia 93 (1): 184. 2001.

甘肃（GS）、新疆（XJ）、四川（SC）、云南（YN）、西藏（XZ）、福建（FJ），渤海湾、黄河三角洲；美国。

赵之伟 1998；赵之伟等 2001；王发园和刘润进 2002a；刘润进等 2002；李建平等 2003；石兆勇等 2003a；张英等 2003a；Zhao et al. 2003；高清明等 2006；冀春花等 2007；姜攀等 2012。

原囊霉科 Archaeosporaceae J.B. Morton & D. Redecker

原囊霉属

Archaeospora J.B. Morton & D. Redecker, Mycologia 93 (1): 183. 2001.

单氏原囊霉 [新拟]

Archaeospora schenckii (Sieverd. & S. Toro) C. Walker & A. Schüßler, The Glomeromycota, A Species List With New Families and New Genera (Gloucester) p 53. 2010.

Intraspora schenckii (Sieverd. & S. Toro) Oehl & Sieverd., J. Appl. Bot. Food Quality, Angew. Botan. 80: 77. 2006.

北京（BJ）、重庆（CQ）。

蔡邦平等 2009。

波状原囊霉 [新拟]

Archaeospora undulata (Sieverd.) Sieverd., G.A. Silva, B.T. Goto & Oehl, Mycotaxon 117: 430. 2011.

Acaulospora undulata Sieverd., Angew. Bot. 62 (5-6): 373. 1988.

山东（SD）、广西（GX）；刚果（金）。

张美庆等 2001；吴丽莎等 2009。

多孢囊霉目 Diversisporales
C. Walker & A. Schüßler

无梗囊霉科 Acaulosporaceae J.B. Morton & Benny

无梗囊霉属

Acaulospora Gerd. & Trappe, Mycol. Mem. 5: 31. 1974.

双网无梗囊霉

Acaulospora bireticulata F.M. Rothwell & Trappe, Mycotaxon 8 (2): 472. 1979. **Type:** United States (Kentucky).

黑龙江（HL）、河北（HEB）、北京（BJ）、山东（SD）、陕西（SN）、宁夏（NX）、甘肃（GS）、新疆（XJ）、湖北（HB）、云南（YN）、福建（FJ）、广东（GD），黄河三角洲；美国。

彭生斌等 1990；赵之伟和杜刚 1997；赵之伟等 2001；王发园和刘润进 2002a；李建平等 2003；石兆勇等 2003a；Zhao et al. 2003；冀春花等 2007；肖艳萍等 2008；吴丽莎等 2009；钱伟华和贺学礼 2009；贺学礼等 2010；姜攀等 2012。

椒红无梗囊霉

Acaulospora capsicula Błaszk., Mycologia 82 (6): 794. 1990. **Type:** Poland.

西藏（XZ）；波兰。

蔡邦平等 2007。

穴状无梗囊霉

Acaulospora cavernata Błaszk., Cryptog. Bot. 1 (2): 204. 1989. **Type:** Poland.

吉林（JL）、青海（QH）、四川（SC）、福建（FJ）；波兰。

邢晓科等 2000；张英等 2007；姜攀等 2012。

哥伦比亚无梗囊霉 [新拟]

Acaulospora colombiana (Spain & N.C. Schenck) Kaonong-bua, J.B. Morton & Bever, Mycologia 102 (6): 1501. 2010.

Entrophospora colombiana Spain & N.C. Schenck, Mycologia 76 (4): 693. 1984.

四川（SC）。

张英等 2003a。

大型无梗囊霉

Acaulospora colossica P.A. Schultz, Bever & J.B. Morton, Mycologia 91 (4): 677. 1999. **Type:** United States (North Carolina).

山东（SD）、西藏（XZ）；美国。

吴丽莎等 2009；蔡邦平等 2009。

脆无梗囊霉

Acaulospora delicata C. Walker, C.M. Pfeiff. & Bloss, Mycotaxon 25 (2): 622. 1986. **Type:** United States (Arizona).

甘肃（GS）、青海（QH）、新疆（XJ）、四川（SC）、西藏（XZ）、福建（FJ）；美国。

张英等 2003a，2007；高清明等 2006；冀春花等 2007；袁丽环和闫桂琴 2010；姜攀等 2012。

齿状无梗囊霉

Acaulospora denticulata Sieverd. & S. Toro, Angew. Bot. 61 (3-4): 217. 1987. **Type:** Colombia.

山东（SD）、甘肃（GS）、新疆（XJ）、江西（JX）、云南（YN）、海南（HI），渤海湾、黄河三角洲；哥伦比亚。

吴铁航等 1995；赵之伟等 2001；王发园和刘润进 2002a；刘润进等 2002；李建平等 2003；石兆勇等 2003a，2003b；Zhao et al. 2003；冀春花等 2007；吴丽莎等 2009。

膨胀无梗囊霉

Acaulospora dilatata J.B. Morton, Mycologia 78 (4): 641. 1986. **Type:** United States (West Virginia).

山东（SD）、西藏（XZ），东南沿海地区；美国。

张美庆等 1998；盖京苹和刘润进 2000；高清明等 2006；钟凯等 2010。

丽孢无梗囊霉

Acaulospora elegans Trappe & Gerd., Mycol. Mem. 5: 34. 1974. **Type:** United States (Oregon).

北京（BJ）、陕西（SN）、宁夏（NX）、甘肃（GS）、新疆（XJ）、江西（JX）、湖北（HB）、云南（YN）、广东（GD）、海南（HI）；美国。

彭生斌等 1990；张美庆和王幼珊 1991b；吴铁航等 1995；赵之伟等 2001；石兆勇等 2003a，2003b；Zhuang 2005；冀春花等 2007。

凹坑无梗囊霉

Acaulospora excavata Ingleby & C. Walker, Mycotaxon 50: 100. 1994. **Type:** Ivory Coast.

山东（SD）、陕西（SN）、宁夏（NX）、新疆（XJ）、云南（YN）、西藏（XZ）、福建（FJ）、广西（GX）；科特迪瓦。

张美庆等 2001；石兆勇等 2003a；高清明等 2006；陈志

超等 2008；吴丽莎等 2009；钱伟华和贺学礼 2009；姜攀等 2012。

孔窝无梗囊霉
Acaulospora foveata Trappe & Janos, Mycotaxon 15: 516. 1982. **Type:** Mexico.
河北（HEB）、陕西（SN）、宁夏（NX）、新疆（XJ）、云南（YN）、福建（FJ）、广东（GD），黄河三角洲；墨西哥。
张美庆等 1998；赵之伟 1998；赵之伟等 2001；王发园和刘润进 2002a；李建平等 2003；石兆勇等 2003a；Zhao et al. 2003；陈志超等 2008；钱伟华和贺学礼 2009；贺学礼等 2010；姜攀等 2012。

格但无梗囊霉
Acaulospora gedanensis Błaszk., Karstenia 27 (2): 38. 1988 [1987]. **Type:** Poland.
云南（YN）、西藏（XZ）、福建（FJ）；波兰。
高清明等 2006；肖艳萍等 2008；姜攀等 2012。

屏东无梗囊霉〔新拟〕
Acaulospora kentinensis C.G. Wu & Y.S. Liu ex Kaonongbua, J.B. Morton & Bever, Mycologia 102 (6): 1501. 2010.
Entrophospora kentinensis C.G. Wu & Y.S. Liu, Mycotaxon 53: 287. 1995.
台湾（TW）。
Wu et al. 1995。

科氏无梗囊霉〔新拟〕
Acaulospora koskei Błaszk., Mycol. Res. 99 (2): 237. 1995. **Type:** Poland.
四川（SC）；波兰。
张英和郭良栋 2005。

浅窝无梗囊霉
Acaulospora lacunosa J.B. Morton, Mycologia 78 (4): 643. 1986. **Type:** United States (West Virginia).
河北（HEB）、北京（BJ）、山东（SD）、宁夏（NX）、新疆（XJ）、四川（SC）、云南（YN）、福建（FJ）、海南（HI），渤海湾；美国。
盖京苹和刘润进 2000；赵之伟等 2001；刘润进等 2002；李建平等 2003；石兆勇等 2003a，2003b；张英等 2003a；盖京苹 2004；陈志超等 2008；钱伟华和贺学礼 2009；钟凯等 2010；姜攀等 2012。

光壁无梗囊霉
Acaulospora laevis Gerd. & Trappe, Mycol. Mem. 5: 33. 1974. **Type:** United States (Oregon).
黑龙江（HL）、内蒙古（NM）、河北（HEB）、北京（BJ）、山东（SD）、甘肃（GS）、新疆（XJ）、江西（JX）、湖北（HB）、四川（SC）、云南（YN）、西藏（XZ）、福建（FJ）、广东（GD），黄河三角洲；美国。
彭生斌等 1990；吴铁航等 1995；赵之伟 1998；王发园和

刘润进 2002a；张英等 2003a，2003b；李建平等 2003；Zhao et al. 2003；卢东升和吴小芹 2005；高清明等 2006；冀春花等 2007；包玉英等 2007；任嘉红等 2008；吴丽莎等 2009；贺学礼等 2010；钟凯等 2010；姜攀等 2012。

稍长无梗囊霉
Acaulospora longula Spain & N.C. Schenck, Mycologia 76 (4): 689. 1984. **Type:** Colombia.
新疆（XJ）、西藏（XZ）；哥伦比亚。
张美庆等 1992；Zhuang 2005；高清明等 2006。

蜜色无梗囊霉
Acaulospora mellea Spain & N.C. Schenck, Mycologia 76 (4): 690. 1984. **Type:** Colombia.
河北（HEB）、山东（SD）、宁夏（NX）、新疆（XJ）、云南（YN）、西藏（XZ）、福建（FJ），渤海湾；哥伦比亚。
张美庆等 1992；盖京苹和刘润进 2000；赵之伟 2001；刘润进等 2002；李建平等 2003；Zhao et al. 2003；盖京苹等 2004；Zhuang 2005；高清明等 2006；吴丽莎等 2009；钱伟华和贺学礼 2009；钟凯等 2010；姜攀等 2012。

莫氏无梗囊霉
Acaulospora morrowiae Spain & N.C. Schenck, Mycologia 76 (4): 692. 1984. **Type:** Colombia.
山东（SD）、云南（YN）、西藏（XZ）、福建（FJ）；哥伦比亚。
张美庆等 1998；Zhao et al. 2003；高清明等 2006；吴丽莎等 2009。

多果无梗囊霉
Acaulospora myriocarpa Spain, Sieverd. & N.C. Schenck, Mycotaxon 25 (1): 112. 1986. **Type:** Colombia.
广东（GD）；哥伦比亚。
张美庆等 1998。

尼氏无梗囊霉
Acaulospora nicolsonii C. Walker, L.E. Reed & F.E. Sanders, Trans. Br. Mycol. Soc. 83 (2): 360. 1984. **Type:** United Kingdom.
山东（SD）、新疆（XJ）、西藏（XZ）；英国。
张英等 2007；吴丽莎等 2009。

保氏无梗囊霉〔新拟〕
Acaulospora paulinae Błaszk., Bulletin of the Polish Academy of Sciences, Biological Sciences 36 (10-12): 273. 1988. **Type:** Poland.
西藏（XZ）；波兰。
蔡邦平等 2008。

波兰无梗囊霉
Acaulospora polonica Błaszk., Karstenia 27 (2): 38. 1988 [1987]. **Type:** Poland.
广西（GX）；波兰。
张美庆等 2001。

瑞氏无梗囊霉

Acaulospora rehmii Sieverd. & S. Toro, Angew. Bot. 61 (3-4): 219. 1987. **Type:** Colombia.

河北（HEB）、宁夏（NX）、甘肃（GS）、新疆（XJ）、云南（YN）、西藏（XZ）、福建（FJ）；哥伦比亚。

石兆勇等 2003a；卢东升和吴小芹 2005；高清明等 2006；冀春花等 2007；钱伟华和贺学礼 2009；贺学礼等 2010；姜攀等 2012。

皱壁无梗囊霉

Acaulospora rugosa J.B. Morton, Mycologia 78 (4): 645. 1986. **Type:** United States (West Virginia).

山东（SD）、甘肃（GS）、新疆（XJ）、云南（YN）；美国。

赵之伟等 2001；冀春花等 2007；吴丽莎等 2009。

细凹无梗囊霉

Acaulospora scrobiculata Trappe, Mycotaxon 6 (2): 363. 1977. **Type:** Mexico.

内蒙古（NM）、河北（HEB）、北京（BJ）、山东（SD）、宁夏（NX）、甘肃（GS）、新疆（XJ）、四川（SC）、云南（YN）、福建（FJ）、广西（GX），渤海湾、黄河三角洲、黄土高原；墨西哥。

张美庆等 1992，2001；赵之伟和杜刚 1997；张贵云等 1997；赵之伟 1999；盖京苹和刘润进 2000；赵之伟等 2001；王发园和刘润进 2002a；刘润进等 2002；李建平等 2003；张英等 2003a；Zhao et al. 2003；Zhuang 2005；冀春花等 2007；包玉英等 2007；肖艳萍等 2008；钱伟华和贺学礼 2009；贺学礼等 2010；姜攀等 2012。

刺无梗囊霉

Acaulospora spinosa C. Walker & Trappe, Mycotaxon 12 (2): 515. 1981. **Type:** United States (Iowa).

黑龙江（HL）、吉林（JL）、河北（HEB）、北京（BJ）、山东（SD）、湖北（HB）、云南（YN）、广东（GD）、海南（HI），渤海湾；墨西哥、美国。

彭生斌等 1990；赵之伟 1998；盖京苹和刘润进 2000；邢晓科等 2000；赵之伟等 2001；刘润进等 2002；李建平等 2003；石兆勇等 2003a，2003b；Zhao et al. 2003；盖京苹等 2004；肖艳萍等 2008。

华彩无梗囊霉

Acaulospora splendida Sieverd., Chaverri & I. Rojas, Mycotaxon 33: 252. 1988. **Type:** Costa Rica.

山东（SD）；哥斯达黎加。

吴丽莎等 2009。

疣状无梗囊霉

Acaulospora tuberculata Janos & Trappe, Mycotaxon 15: 519. 1982. **Type:** Panama.

甘肃（GS）、新疆（XJ）、云南（YN）、西藏（XZ）、广东（GD），黄河三角洲；巴拿马。

赵之伟和杜刚 1997；张美庆等 1998；赵之伟 1999；赵之伟等 2001；王发园和刘润进 2002a；李建平等 2003；Zhao et al. 2003；高清明等 2006；冀春花等 2007；肖艳萍等 2008。

内养囊霉属

Entrophospora R.N. Ames & R.W. Schneid., Mycotaxon 8 (2): 347. 1979.

波罗的海内养囊霉

Entrophospora baltica Błaszk., Madej & Tadych, Mycotaxon 68: 167. 1998. **Type:** Poland.

云南（YN）、西藏（XZ）；波兰。

蔡邦平等 2007；肖艳萍等 2008。

稀有内养囊霉

Entrophospora infrequens (I.R. Hall) R.N. Ames & R.W. Schneid., Mycotaxon 8 (2): 348. 1979.

Glomus infrequens I.R. Hall, Trans. Br. Mycol. Soc. 68 (3): 345. 1977.

河北（HEB）、北京（BJ）、山东（SD）、甘肃（GS）、新疆（XJ）、四川（SC）、云南（YN）、广东（GD），渤海湾；新西兰。

彭生斌等 1990；张美庆和王幼珊 1991a；汪洪钢等 1998；盖京苹等 2000；刘润进 2002；李建平等 2003；张英等 2003a；冀春花等 2007；肖艳萍等 2008；贺学礼等 2010。

库克囊霉属

Kuklospora Oehl & Sieverd., in Sieverding & Oehl, J. Appl. Bot. Food Quality, Angew. Botan 80: 74. 2006.

棘刺库克囊霉［新拟］

Kuklospora spinosa B.P. Cai, Jun Y. Chen, Q.X. Zhang & L.D. Guo, Mycotaxon 124: 265. 2013. **Type:** China (Sichuan).

四川（SC）。

Cai et al. 2013。

多孢囊霉科 Diversisporaceae Schwarzott, C. Walker & A. Schüßler

伞囊霉属

Corymbiglomus Błaszk. & Chwat, Glomeromycota (Kraków) p 272. 2012.

扭形伞囊霉［新拟］

Corymbiglomus tortuosum (N.C. Schenck & G.S. Sm.) Błaszk. & Chwat, Acta Mycologica, Warszawa 48 (1): 99. 2013.

Glomus tortuosum N.C. Schenck & G.S. Sm., Mycologia 74 (1): 83. 1982.

河北（HEB）、甘肃（GS）、新疆（XJ）、云南（YN）；美国。

张美庆和王幼珊 1991a；李建平等 2003；冀春花等 2007；肖艳萍等 2008；贺学礼等 2010。

多孢囊霉属

Diversispora C. Walker & A. Schüßler, Mycol. Res. 108 (9):

982. 2004.

象牙白多孢囊霉 ［新拟］

Diversispora eburnea (L.J. Kenn., J.C. Stutz & J.B. Morton) C. Walker & A. Schüßler, The Glomeromycota, A Species List With New Families and New Genera (Gloucester) p 43. 2010.

Glomus eburneum L.J. Kenn., J.C. Stutz & J.B. Morton, Mycologia 91 (6): 1084. 1999.

山东（SD）、云南（YN）；美国。

王淼焱等 2006；肖艳萍等 2008。

地表多孢囊霉 ［新拟］

Diversispora epigaea (B.A. Daniels & Trappe) C. Walker & A. Schüßler, The Glomeromycota, A Species List With New Families and New Genera (Gloucester) p 43. 2010.

Glomus epigaeum B.A. Daniels & Trappe, Can. J. Bot. 57 (5): 540. 1979.

中国（具体地点不详）；美国。

唐振尧和臧穆 1984。

沾屑多孢囊霉

Diversispora spurca (C.M. Pfeiff., C. Walker & Bloss) C. Walker & A. Schüßler [as 'spurcum'], Mycol. Res. 108 (9): 982. 2004.

Glomus spurcum C.M. Pfeiff., C. Walker & Bloss, Mycotaxon 59: 374. 1996.

内蒙古（NM）、河北（HEB）、山东（SD）、新疆（XJ）、云南（YN）；美国。

李建平等 2003；盖京苹等 2004；包玉英和闫伟 2004；包玉英等 2007；张英等 2007。

细弱多孢囊霉 ［新拟］

Diversispora tenera (P.A. Tandy) Oehl, G.A. Silva & Sieverd., Mycotaxon 116: 110. 2011.

Glomus tenerum P.A. Tandy, Aust. J. Bot. 23 (5): 864. 1975.

中国（具体地点不详）；澳大利亚。

张美庆和王幼珊 1991a。

三壁多孢囊霉 ［新拟］

Diversispora trimurales (Koske & Halvorson) C. Walker & A. Schüßler, The Glomeromycota, A Species List With New Families and New Genera (Gloucester) p 43. 2010.

Glomus trimurales Koske & Halvorson, Mycologia 81 (6): 930. 1990 [1989].

北京（BJ）、云南（YN）、福建（FJ）；美国。

蔡邦平等 2012。

变形多孢囊霉 ［新拟］

Diversispora versiformis (P. Karst.) Oehl, G.A. Silva & Sieverd., Mycotaxon 116: 110. 2011.

Glomus versiforme (P. Karst.) S.M. Berch, Can. J. Bot. 61 (10): 2614. 1983.

辽宁（LN）、内蒙古（NM）、河北（HEB）、北京（BJ）、山东（SD）、陕西（SN）、甘肃（GS）、新疆（XJ）、江西（JX）、四川（SC）、云南（YN）、西藏（XZ）、福建（FJ）、广西（GX）、海南（HI），渤海湾、黄河三角洲。

张美庆和王幼珊 1991a，1991b；吴铁航等 1995；盖京苹等 2000，2004；张美庆等 2001；王发园和刘润进 2002a；刘润进等 2002；张英等 2003a，2003b；石兆勇等 2003a，2003b；Zhuang 2005；高清明等 2006；冀春花等 2007；包玉英等 2007；肖艳萍等 2008；任嘉红等 2008；贺学礼等 2010；钟凯等 2010；姜攀等 2012。

瑞德囊霉属

Redeckera C. Walker & A. Schüßler, The Glomeromycota, A Species List With New Families and New Genera (Gloucester) p 44. 2010.

黄瑞德囊霉 ［新拟］

Redeckera fulvum (Berk. & Broome) C. Walker & A. Schüßler, The Glomeromycota, A Species List With New Families and New Genera (Gloucester) p 44. 2010.

Endogone fulva (Berk. & Broome) Pat., Bull. Soc. Mycol. Fr. 19: 341. 1903.

Glomus fulvum (Berk. & Broome) Trappe & Gerd., Mycol. Mem. 5: 59. 1974.

内蒙古（NM）。

唐振尧和臧穆 1984；张美庆和王幼珊 1991a；尚衍重等 1998。

垫状瑞德囊霉 ［新拟］

Redeckera pulvinatum (Henn.) C. Walker & A. Schüßler, The Glomeromycota, A Species List With New Families and New Genera (Gloucester) p 44. 2010.

Glomus pulvinatum (Henn.) Trappe & Gerd., Mycol. Mem. 5: 59. 1974.

中国（具体地点不详）。

唐振尧和臧穆 1984；张美庆和王幼珊 1991a。

巨孢霉科 Gigasporaceae J.B. Morton & Benny

盾齿囊霉属

Dentiscutata Sieverd., F.A. Souza & Oehl, Mycotaxon 106: 340. 2008.

塞拉多盾齿囊霉 ［新拟］

Dentiscutata cerradensis Spain & J. Miranda ex Sieverd., F.A. Souza & Oehl, Mycotaxon 106: 342. 2009 [2008].

Scutellospora cerradensis Spain & J. Miranda, Mycotaxon 60: 130. 1996.

山东（SD）；巴西（巴西利亚）。

王淼焱等 2006。

红色盾齿囊霉 ［新拟］

Dentiscutata erythropus (Koske & C. Walker) C. Walker &

D. Redecker, Mycorrhiza 23 (7): 529. 2013.
Scutellospora erythropus (Koske & C. Walker) C. Walker &
F.E. Sanders, Mycotaxon 27: 181. 1986.
河北（HEB）、山西（SX）、宁夏（NX）、福建（FJ）。
潘幸来等 1997a；钱伟华和贺学礼 2009；贺学礼等 2010；
姜攀等 2012。

巨孢囊霉属

Gigaspora Gerd. & Trappe, Mycol. Mem. 5: 25. 1974.

微白巨孢囊霉

Gigaspora albida N.C. Schenck & G.S. Sm., Mycologia 74
(1): 85. 1982. **Type:** United States (Florida).
山东（SD）；美国。
钟凯等 2010。

易误巨孢囊霉

Gigaspora decipiens I.R. Hall & L.K. Abbott, Trans. Br.
Mycol. Soc. 83 (2): 204. 1984. **Type:** Western Australia.
渤海湾；澳大利亚。
刘润进等 2002。

大巨孢囊霉

Gigaspora gigantea (T.H. Nicolson & Gerd.) Gerd. & Trappe,
Mycol. Mem. 5: 29. 1974.
江西（JX）、云南（YN），渤海湾。
唐振尧和臧穆 1984；吴铁航等 1995；赵之伟 1998；刘润
进等 2002；李建平等 2003；Zhao et al. 2003；肖艳萍等
2008。

珠状巨孢囊霉

Gigaspora margarita W.N. Becker & I.R. Hall, Mycotaxon 4
(1): 155. 1976. **Type:** United States (Illinois).
辽宁（LN）、河北（HEB）、北京（BJ）、山东（SD）、江
西（JX）、湖北（HB）、福建（FJ）、广东（GD），渤海湾；
美国。
唐振尧和臧穆 1984；彭生斌等 1990；吴铁航等 1995；盖
京苹和刘润进 2000；刘润进等 2002；盖京苹等 2004；钟
凯等 2010；姜攀等 2012。

分支巨孢囊霉

Gigaspora ramisporophora Spain, Sieverd. & N.C. Schenck,
Mycotaxon 34 (2): 668. 1989. **Type:** Brazil.
福建（FJ）；巴西。
姜攀等 2012。

玫瑰红巨孢囊霉

Gigaspora rosea T.H. Nicolson & N.C. Schenck, Mycologia
71 (1): 190. 1979. **Type:** United States (Florida).
中国（具体地点不详）；美国。
唐振尧和臧穆 1984；李敏等 2000。

具瘤巨孢囊霉

Gigaspora tuberculata Neeraj, Mukerji, B.C. Sharma & A.K.

Varma, World Journal of Microbiology & Biotechnology 9 (3):
291. 1993. **Type:** India (Rajasthan).
山东（SD）；印度。
吴丽莎等 2009。

裂盾囊霉属

Racocetra Oehl, F.A. Souza & Sieverd., Mycotaxon 106: 334.
2008.

波状裂盾囊霉［新拟］

Racocetra undulata T.C. Lin & C.H. Yen, Mycotaxon 116:
402. 2011. **Type:** China (Taiwan).
台湾（TW）。
Lin & Yen 2011。

盾孢囊霉属

Scutellospora C. Walker & F.E. Sanders, Mycotaxon 27: 179. 1986.

全球盾孢囊霉［新拟］

Scutellospora aurigloba (I.R. Hall) C. Walker & F.E. Sanders,
Mycotaxon 27: 180. 1986.
Gigaspora aurigloba I.R. Hall, Trans. Br. Mycol. Soc. 68 (3):
351. 1977.
黑龙江（HL）、北京（BJ）、湖北（HB）、云南（YN）、福
建（FJ）、广东（GD）、海南（HI）；新西兰。
唐振尧和臧穆 1984；彭生斌等 1990；刘润进等 2002；石
兆勇等 2003a，2003b；姜攀等 2012。

美丽盾孢囊霉

Scutellospora calospora (T.H. Nicolson & Gerd.) C. Walker &
F.E. Sanders, Mycotaxon 27: 180. 1986.
Gigaspora calospora (T.H. Nicolson & Gerd.) Gerd. & Trappe,
Mycol. Mem. 5: 28. 1974.
吉林（JL）、内蒙古（NM）、河北（HEB）、北京（BJ）、山
西（SX）、山东（SD）、陕西（SN）、宁夏（NX）、甘肃（GS）、
新疆（XJ）、江西（JX）、湖北（HB）、云南（YN）、西藏
（XZ）、福建（FJ）、广东（GD）、海南（HI），渤海湾；美
国、新西兰。
唐振尧和臧穆 1984；彭生斌等 1990；吴铁航等 1995；潘
幸来等 1997a；盖京苹和刘润进 2000；邢晓科等 2000；
刘润进等 2002；石兆勇等 2003a，2003b；盖京苹等 2004；
高清明等 2006；冀春花等 2007；包玉英等 2007；钱伟华
和贺学礼 2009；蒋敏等 2009；贺学礼等 2010；钟凯等
2010；姜攀等 2012。

栗色盾孢囊霉［新拟］

Scutellospora castanea C. Walker, Cryptog. Mycol. 14 (4):
280. 1993. **Type:** France.
福建（FJ）；法国。
姜攀等 2012。

珊瑚盾孢囊霉［新拟］

Scutellospora coralloidea (Trappe, Gerd. & I. Ho) C. Walker &

F.E. Sanders, Mycotaxon 27: 181. 1986.

Gigaspora coralloidea Trappe, Gerd. & I. Ho, Mycol. Mem. 5: 30. 1974.

山西（SX），渤海湾；美国。

唐振尧和臧穆 1984；潘幸来等 1997a；刘润进等 2002。

圆齿盾孢囊霉 ［新拟］

Scutellospora crenulata R.A. Herrera, Cuenca & C. Walker, Can. J. Bot. 79 (6): 674. 2001. **Type:** Venezuela.

云南（YN）；委内瑞拉。

肖艳萍等 2008。

双疣盾孢囊霉 ［新拟］

Scutellospora dipapillosa (C. Walker & Koske) C. Walker & F.E. Sanders, Mycotaxon 27: 181. 1986.

湖北（HB）。

蔡邦平等 2009。

双紫盾孢囊霉 ［新拟］

Scutellospora dipurpurescens J.B. Morton & Koske, Mycologia 80 (4): 520. 1988. **Type:** United States (West Virginia).

云南（YN）；美国。

赵丹丹等 2006；李丽等 2015。

亮色盾孢囊霉 ［新拟］

Scutellospora fulgida Koske & C. Walker, Mycotaxon 27: 221. 1986. **Type:** United States (West Virginia).

广西（GX）、海南（HI）；美国。

王幼珊等 1998；张美庆等 2001。

吉尔莫盾孢囊霉 ［新拟］

Scutellospora gilmorei (Trappe & Gerd.) C. Walker & F.E. Sanders, Mycotaxon 27: 181. 1986.

Gigaspora gilmorei Trappe & Gerd., Mycol. Mem. 5: 27. 1974.

河北（HEB）、山东（SD），渤海湾；美国。

唐振尧和臧穆 1984；刘润进等 2002；盖京苹等 2004。

聚生盾孢囊霉

Scutellospora gregaria (N.C. Schenck & T.H. Nicolson) C. Walker & F.E. Sanders, Mycotaxon 27: 181. 1986.

Gigaspora gregaria N.C. Schenck & T.H. Nicolson, Mycologia 71 (1): 185. 1979.

云南（YN），渤海湾；美国。

唐振尧和臧穆 1984；赵之伟 1998；刘润进等 2002；李建平等 2003。

异配盾孢囊霉

Scutellospora heterogama (T.H. Nicolson & Gerd.) C. Walker & F.E. Sanders, Mycotaxon 27: 180. 1986.

Gigaspora heterogama (T.H. Nicolson & Gerd.) Gerd. & Trappe, Mycol. Mem. 5: 31. 1974.

江西（JX）、云南（YN）、福建（FJ）。

唐振尧和臧穆 1984；吴铁航等 1995；赵之伟 1998；李建平等 2003；Zhao et al. 2003；肖艳萍等 2008；姜攀等 2012。

黑色盾孢囊霉 ［新拟］

Scutellospora nigra (J.F. Redhead) C. Walker & F.E. Sanders, Mycotaxon 27: 181. 1986.

Gigaspora nigra J.F. Redhead, Mycologia 71 (1): 187. 1979.

宁夏（NX）、福建（FJ）、海南（HI）；美国。

唐振尧和臧穆 1984；石兆勇等 2003b；钱伟华和贺学礼 2009；姜攀等 2012。

透明盾孢囊霉 ［新拟］

Scutellospora pellucida (T.H. Nicolson & N.C. Schenck) C. Walker & F.E. Sanders, Mycotaxon 27: 181. 1986.

Gigaspora pellucida T.H. Nicolson & N.C. Schenck, Mycologia 71 (1): 189. 1979.

宁夏（NX）、湖北（HB）、云南（YN）、福建（FJ）、广东（GD）；美国。

唐振尧和臧穆 1984；彭生斌等 1990；李建平等 2003；钱伟华和贺学礼 2009；姜攀等 2012。

桃形盾孢囊霉 ［新拟］

Scutellospora persica (Koske & C. Walker) C. Walker & F.E. Sanders, Mycotaxon 27: 181. 1986.

云南（YN）、福建（FJ），渤海湾。

刘润进等 2002；李建平等 2003；肖艳萍等 2008；姜攀等 2012。

网纹盾孢囊霉 ［新拟］

Scutellospora reticulata (Koske, D.D. Mill. & C. Walker) C. Walker & F.E. Sanders, Mycotaxon 27: 181. 1986.

福建（FJ）。

王幼珊等 1998。

深红盾孢囊霉 ［新拟］

Scutellospora rubra Stürmer & J.B. Morton, Mycol. Res. 103 (8): 951. 1999. **Type:** Brazil (Paraná).

福建（FJ）；巴西。

姜攀等 2012。

三红盾孢囊霉 ［新拟］

Scutellospora trirubiginopa X.L. Pan & G.Yun Zhang, Mycosystema 16 (3): 169. 1997. **Type:** China (Shanxi).

山西（SX）。

潘幸来等 1997b。

疣壁盾孢囊霉 ［新拟］

Scutellospora verrucosa (Koske & C. Walker) C. Walker & F.E. Sanders, Mycotaxon 27: 181. 1986.

云南（YN）。

李建平等 2003；杨安娜等 2004；肖艳萍等 2008。

和平囊霉科 **Pacisporaceae** C. Walker, Błaszk., A. Schüßler & Schwarzot

和平囊霉属

Pacispora Sieverd. & Oehl, in Oehl & Sieverding, J. Appl. Bot., Angew. Bot. 78: 74. 2004.

玻利维亚和平囊霉 [新拟]

Pacispora boliviana Sieverd. & Oehl, in Oehl & Sieverding, J. Appl. Bot., Angew. Bot. 78: 79. 2004.

西藏（XZ）。

高清明等 2006。

寒竹和平囊霉 [新拟]

Pacispora chimonobambusae (C.G. Wu & Y.S. Liu) Sieverd. & Oehl, J. Appl. Bot., Angew. Bot. 78: 76. 2004.

Glomus chimonobambusae C.G. Wu & Y.S. Liu, Mycotaxon 53: 284. 1995.

四川（SC）、台湾（TW）。

Wu et al. 1995；张英等 2003a。

道氏和平囊霉 [新拟]

Pacispora dominikii (Błaszk.) Sieverd. & Oehl, in Oehl & Sieverding, J. Appl. Bot., Angew. Bot. 78: 76. 2004.

西藏（XZ）。

高清明等 2006。

锈棕和平囊霉 [新拟]

Pacispora robigina Sieverd. & Oehl, in Oehl & Sieverding, J. Appl. Bot., Angew. Bot. 78: 75. 2004.

贵州（GZ）。

蔡邦平等 2008。

闪烁和平囊霉 [新拟]

Pacispora scintillans (S.L. Rose & Trappe) Sieverd. & Oehl, J. Appl. Bot., Angew. Bot. 78: 76. 2004.

Glomus scintillans S.L. Rose & Trappe, Mycotaxon 10 (2): 417. 1980.

中国（具体地点不详）；美国。

张美庆和王幼珊 1991a。

球囊霉目 Glomerales J.B. Morton & Benny

碎囊霉科 **Claroideoglomeraceae** C. Walker & A. Schüßler

碎囊霉属

Claroideoglomus C. Walker & A. Schüßler, The Glomeromycota, A Species List With New Families and New Genera (Gloucester) p 21. 2010.

近明碎囊霉 [新拟]

Claroideoglomus claroideum (N.C. Schenck & G.S. Sm.) C. Walker & A. Schüßler, The Glomeromycota, A Species List With New Families and New Genera (Gloucester) p 21. 2010.

Glomus claroideum N.C. Schenck & G.S. Sm., Mycologia 74 (1): 84. 1982.

Glomus maculosum D.D. Mill. & C. Walker, Mycotaxon 25 (1): 218. 1986.

吉林（JL）、内蒙古（NM）、河北（HEB）、北京（BJ）、山东（SD）、陕西（SN）、甘肃（GS）、新疆（XJ）、四川（SC）、云南（YN）、西藏（XZ）、福建（FJ）、广西（GX）、海南（HI），渤海湾、黄河三角洲；美国。

张美庆和王幼珊 1991a；张美庆等 1992，2001；赵之伟 1998；盖京苹等 2000；赵之伟等 2001；王发园和刘润进 2002a；刘润进等 2002；李建平等 2003；石兆勇等 2003a，2003b；张英等 2003a；Zhao et al. 2003；盖京苹等 2004；Zhuang 2005；高清明等 2006；冀春花等 2007；包玉英等 2007；肖艳萍等 2008；陈志超等 2008；蒋敏等 2009；贺学礼等 2010；钟凯等 2010；姜攀等 2012。

幼碎囊霉

Claroideoglomus etunicatum (W.N. Becker & Gerd.) C. Walker & A. Schüßler, The Glomeromycota, A Species List With New Families and New Genera (Gloucester) p 22. 2010.

Glomus etunicatum W.N. Becker & Gerd., Mycotaxon 6 (1): 29. 1977.

黑龙江（HL）、内蒙古（NM）、河北（HEB）、北京（BJ）、山东（SD）、甘肃（GS）、新疆（XJ）、湖北（HB）、云南（YN）、西藏（XZ）、福建（FJ）、广东（GD）、广西（GX）、海南（HI），渤海湾、黄河三角洲；美国。

唐振尧和臧穆 1984；洪淑梅等 1987；彭生斌等 1990；张美庆和王幼珊 1991a；赵之伟 1998；林清洪和黄维南 1999；盖京苹等 2000，2004；张美庆等 2001；赵之伟等 2001；王发园和刘润进 2002a；刘润进等 2002；李建平等 2003；石兆勇等 2003a，2003b；Zhao et al. 2003；包玉英和闫伟 2004；卢东升和吴小芹 2005；高清明等 2006；冀春花等 2007；包玉英等 2007；陈志超等 2008；吴丽莎等 2009；蒋敏等 2009；钟凯等 2010；姜攀等 2012；李丽等 2015。

层状碎囊霉 [新拟]

Claroideoglomus lamellosum (Dalpé, Koske & Tews) C. Walker & A. Schüßler, The Glomeromycota, A Species List With New Families and New Genera (Gloucester) p 22. 2010.

Glomus lamellosum Dalpé, Koske & Tews, Mycotaxon 43: 289. 1992.

北京（BJ）、福建（FJ）；安大略湖。

张英等 2007；姜攀等 2012。

纯黄碎囊霉 ［新拟］

Claroideoglomus luteum (L.J. Kenn., J.C. Stutz & J.B. Morton) C. Walker & A. Schüßler, The Glomeromycota, A Species List With New Families and New Genera (Gloucester) p 22. 2010.

Glomus luteum L.J. Kenn., J.C. Stutz & J.B. Morton, Mycologia 91 (6): 1090. 1999.

甘肃（GS）、新疆（XJ）、四川（SC）、福建（FJ）；加拿大。

张英和郭良栋 2005；冀春花等 2007；姜攀等 2012。

球囊霉科 Glomeraceae Piroz. & Dalpé

多米尼克囊霉属

Dominikia Błaszk., Chwat & Kovács, in Błaszkowski, Chwat, Góralska & Ryszka, Kovács, Nova Hedwigia 100 (1-2): 228. 2015.

金黄多米尼克囊霉 ［新拟］

Dominikia aurea (Oehl & Sieverd.) Błaszk., Chwat, G.A. Silva & Oehl, in Oehl, Sanchez-Castro, Ferreira de Sousa, Silva & Palenzuela, Nova Hedwigia 101 (1-2): 71. 2015.

Glomus aureum Oehl & Sieverd., J. Appl. Bot., Angew. Bot. 77: 111. 2003.

西藏（XZ）、福建（FJ）；瑞士。

蔡邦平等 2008；姜攀等 2012。

索形球囊霉属

Funneliformis C. Walker & A. Schüßler, The Glomeromycota, A Species List With New Families and New Genera (Gloucester) p 13. 2010.

褐色索形球囊霉 ［新拟］

Funneliformis badium (Oehl, D. Redecker & Sieverd.) C. Walker & A. Schüßler, The Glomeromycota, A Species List With New Families and New Genera (Gloucester) p 13. 2010.

Glomus badium Oehl, D. Redecker & Sieverd., J. Appl. Bot. Food Quality, Angew. Botan. 79: 39. 2005.

内蒙古（NM）、四川（SC）、福建（FJ）；德国。

张英等 2007；姜攀等 2012。

苏格兰索形球囊霉 ［新拟］

Funneliformis caledonium (T.H. Nicolson & Gerd.) C. Walker & A. Schüßler, The Glomeromycota, A Species List With New Families and New Genera (Gloucester) p 13. 2010.

Glomus caledonium (T.H. Nicolson & Gerd.) Trappe & Gerd., Mycol. Mem. 5: 56. 1974.

辽宁（LN）、内蒙古（NM）、河北（HEB）、北京（BJ）、山东（SD）、甘肃（GS）、新疆（XJ）、湖北（HB）、四川（SC）、云南（YN）、西藏（XZ）、福建（FJ）、广东（GD）、渤海湾、黄河三角洲。

唐振尧和臧穆 1984；彭生斌等 1990；张美庆和王幼珊

1991a，1991b；林清洪和黄维南 1999；盖京苹等 2000，2004；王发园和刘润进 2002a；刘润进等 2002；李建平等 2003；石兆勇等 2003a；张英等 2003a；Zhuang 2005；高清明等 2006；冀春花等 2007；包玉英等 2007；肖艳萍等 2008；陈志超等 2008。

收缩索形球囊霉 ［新拟］

Funneliformis constrictum (Trappe) C. Walker & A. Schüßler, The Glomeromycota, A Species List With New Families and New Genera (Gloucester) p 14. 2010.

Glomus constrictum Trappe, Mycotaxon 6 (2): 361. 1977.

黑龙江（HL）、辽宁（LN）、内蒙古（NM）、河北（HEB）、北京（BJ）、山东（SD）、陕西（SN）、宁夏（NX）、甘肃（GS）、新疆（XJ）、湖北（HB）、云南（YN）、西藏（XZ）、福建（FJ）、广东（GD）、广西（GX）、海南（HI），黄河三角洲、黄土高原；墨西哥。

唐振尧和臧穆 1984；彭生斌等 1990；张美庆和王幼珊 1991b；张贵云等 1997；赵之伟 1998，1999；林清洪和黄维南 1999；盖京苹等 2000，2004；张美庆等 2001；赵之伟等 2001；王发园和刘润进 2002a；李建平等 2003；石兆勇等 2003a，2003b；Zhao et al. 2003；包玉英和闫伟 2004；Zhuang 2005；高清明等 2006；冀春花等 2007；包玉英等 2007；肖艳萍等 2008；任嘉红等 2008；钱伟华和贺学礼 2009；贺学礼等 2010；钟凯等 2010；姜攀等 2012；李丽等 2015。

副冠索形球囊霉 ［新拟］

Funneliformis coronatum (Giovann.) C. Walker & A. Schüßler, The Glomeromycota, A Species List With New Families and New Genera (Gloucester) p 13. 2010.

Glomus coronatum Giovann., Can. J. Bot. 69 (1): 162. 1991.

北京（BJ）、四川（SC）、福建（FJ）；意大利。

张英等 2007；姜攀等 2012。

两型索形球囊霉 ［新拟］

Funneliformis dimorphicus (Boyetchko & J.P. Tewari) Oehl, G.A. Silva & Sieverd., Mycotaxon 116: 102. 2011.

Glomus dimorphicum Boyetchko & J.P. Tewari, Can. J. Bot. 64 (1): 90. 1986.

陕西（SN）、四川（SC）、云南（YN）、福建（FJ）、广西（GX），黄河三角洲；加拿大。

张美庆和王幼珊 1991a；王幼珊等 1998；王发园和刘润进 2002a；石兆勇等 2003a；张英等 2003；Zhuang 2005；姜攀等 2012。

脆基索形球囊霉 ［新拟］

Funneliformis fragilistratum (Skou & I. Jakobsen) C. Walker & A. Schüßler, The Glomeromycota, A Species List With New Families and New Genera (Gloucester) p 13. 2010.

Glomus fragilistratum Skou & I. Jakobsen, Mycotaxon 36 (1): 276. 1989.

中国（具体地点不详）；丹麦。

张美庆和王幼珊 1991a。

地索形球囊霉 ［新拟］

Funneliformis geosporum (T.H. Nicolson & Gerd.) C. Walker & A. Schüßler, The Glomeromycota, A Species List With New Families and New Genera (Gloucester) p 14. 2010.

Glomus geosporum (T.H. Nicolson & Gerd.) C. Walker, Mycotaxon 15: 56. 1982.

黑龙江（HL）、吉林（JL）、辽宁（LN）、内蒙古（NM）、河北（HEB）、北京（BJ）、山东（SD）、陕西（SN）、甘肃（GS）、新疆（XJ）、江西（JX）、湖北（HB）、云南（YN）、西藏（XZ）、福建（FJ）、广东（GD）、海南（HI），黄河三角洲；德国、美国、澳大利亚、新西兰。

彭生斌等 1990；张美庆和王幼珊 1991a；张美庆等 1992；吴铁航等 1995；林清洪和黄维南 1999；盖京苹等 2000，2004；邢晓科等 2000；赵之伟等 2001；王发园和刘润进 2002a；李建平等 2003；石兆勇等 2003a，2003b；Zhao et al. 2003；包玉英和闫伟 2004；Zhuang 2005；高清明等 2006；冀春花等 2007；包玉英等 2007；肖艳萍等 2008；任嘉红等 2008；吴丽莎等 2009；钱伟华和贺学礼 2009；蒋敏等 2009；贺学礼等 2010；姜攀等 2012。

晕环索形球囊霉 ［新拟］

Funneliformis halonatus (S.L. Rose & Trappe) Oehl, G.A. Silva & Sieverd., Mycotaxon 116: 102. 2011.

Glomus halonatum S.L. Rose & Trappe, Mycotaxon 10 (2): 413. 1980.

云南（YN）；英国。

张美庆和王幼珊 1991a；李建平等 2003。

摩西索形球囊霉

Funneliformis mosseae (T.H. Nicolson & Gerd.) C. Walker & A. Schüßler, The Glomeromycota, A Species List With New Families and New Genera (Gloucester) p 13. 2010.

Glomus mosseae (T.H. Nicolson & Gerd.) Gerd. & Trappe, Mycol. Mem. 5: 40. 1974.

黑龙江（HL）、辽宁（LN）、内蒙古（NM）、河北（HEB）、北京（BJ）、山东（SD）、陕西（SN）、甘肃（GS）、新疆（XJ）、湖北（HB）、四川（SC）、云南（YN）、西藏（XZ）、福建（FJ）、广东（GD）、广西（GX）、海南（HI），渤海湾、黄河三角洲、黄土高原。

唐振尧和臧穆 1984；彭生斌等 1990；张美庆和王幼珊 1991a，1991b；张贵云等 1997；林清洪和黄维南 1999；盖京苹等 2000，2004；张美庆等 2001；赵之伟等 2001；王发园和刘润进 2002a；刘润进等 2002；李建平等 2003；石兆勇等 2003a，2003b；张英等 2003a；Zhao et al. 2003；包玉英和闫伟 2004；Zhuang 2005；高清明等 2006；肖翔等 2007；冀春花等 2007；包玉英等 2007；肖艳萍等 2008；陈志超等 2008；蒋敏等 2009；袁丽环和闫桂琴 2010；贺

学礼等 2010；钟凯等 2010；姜攀等 2012；李丽等 2015。

疣突索形球囊霉 ［新拟］

Funneliformis verruculosum (Błaszk.) C. Walker & A. Schüßler, The Glomeromycota, A Species List With New Families and New Genera (Gloucester) p 14. 2010.

Glomus verruculosum Błaszk., Mycologia 89 (5): 809. 1997.

甘肃（GS）、新疆（XJ）、云南（YN）、福建（FJ）；波兰。

李涛等 2004；冀春花等 2007；肖艳萍等 2008；姜攀等 2012。

球囊霉属

Glomus Tul. & C. Tul., G. Bot. Ital. 2 (7-8): 63. 1845.

双型球囊霉

Glomus ambisporum G.S. Sm. & N.C. Schenck, Mycologia 77 (4): 566. 1985. **Type:** United States (Florida).

山东（SD）、甘肃（GS）、新疆（XJ）、四川（SC）、云南（YN）、西藏（XZ），黄河三角洲；美国。

张美庆和王幼珊 1991a；王发园和刘润进 2002a；李建平等 2003；石兆勇等 2003a；张英等 2003a；高清明等 2006；冀春花等 2007；肖艳萍等 2008；钟凯等 2010。

树状球囊霉

Glomus arborense McGee, Trans. Br. Mycol. Soc. 87 (1): 123. 1986. **Type:** South Australia.

山东（SD）；澳大利亚。

张美庆和王幼珊 1991a；吴丽莎等 2009。

沙生球囊霉

Glomus arenarium Błaszk., Tadych & Madej, Acta Soc. Bot. Pol. 70 (2): 97. 2001.

北京（BJ）、福建（FJ）。

蔡邦平等 2012；姜攀等 2012。

澳洲球囊霉

Glomus australe (Berk.) S.M. Berch, Can. J. Bot. 61 (10): 2611. 1983.

新疆（XJ）、四川（SC）、西藏（XZ）。

张美庆和王幼珊 1991a；张英等 2003a；高清明等 2006；陈志超等 2008。

北方球囊霉

Glomus boreale (Thaxt.) Trappe & Gerd., Mycol. Mem. 5: 58. 1974.

Endogone borealis Thaxt., Proc. Amer. Acad. Arts & Sci. 57: 318. 1922.

内蒙古（NM）。

唐振尧和臧穆 1984；张美庆和王幼珊 1991a；尚衍重等 1998。

总序球囊霉

Glomus botryoides F.M. Rothwell & Victor, Mycotaxon 20

(1): 163. 1984. **Type:** United States (Kentucky).

山东（SD）；美国。

张美庆和王幼珊 1991a；吴丽莎等 2009。

加拿大球囊霉

Glomus canadense (Thaxt.) Trappe & Gerd., Mycol. Mem. 5: 59. 1974.

新疆（XJ）、海南（HI）。

唐振尧和臧穆 1984；张美庆和王幼珊 1991a；石兆勇等 2004；陈志超等 2008。

脑状球囊霉 ［新拟］

Glomus cerebriforme McGee, Trans. Br. Mycol. Soc. 87 (1): 123. 1986. **Type:** South Australia.

中国（具体地点不详）；澳大利亚。

张美庆和王幼珊 1991a。

柑橘球囊霉

Glomus citricola D.Z. Tang & M. Zang, Acta Bot. Yunn. 6 (3): 301. 1984. **Type:** China (Hunan).

湖南（HN）、云南（YN）、福建（FJ）。

唐振尧和臧穆 1984；张美庆和王幼珊 1991a；石兆勇等 2003a；姜攀等 2012。

棒孢球囊霉 ［新拟］

Glomus clavisporum (Trappe) R.T. Almeida & N.C. Schenck, Mycologia 82 (6): 710. 1990.

Sclerocystis clavispora Trappe, Mycotaxon 6 (2): 358. 1977.

吉林（JL）、云南（YN）、台湾（TW）；墨西哥、巴西。

唐振尧和臧穆 1984；赵之伟和杜刚 1997；邢晓科等 2000；赵之伟等 2001；Zhao et al. 2003。

卷曲球囊霉

Glomus convolutum Gerd. & Trappe, Mycol. Mem. 5: 42. 1974. **Type:** United States (California).

内蒙古（NM）、宁夏（NX）、四川（SC）、福建（FJ）；美国。

唐振尧和臧穆 1984；张美庆和王幼珊 1991a；张英等 2003a，2003b；包玉英和闫伟 2004；包玉英等 2007；钱伟华和贺学礼 2009；姜攀等 2012。

帚状球囊霉

Glomus coremioides (Berk. & Broome) D. Redecker & J.B. Morton, Mycologia 92 (2): 284. 2000.

Sclerocystis coremioides Berk. & Broome, J. Linn. Soc., Bot. 14 (no. 74): 137. 1873 [1875].

吉林（JL）、宁夏（NX）、云南（YN）、福建（FJ）、台湾（TW）、广西（GX）；斯里兰卡、比利时、美国、巴西、哥伦比亚。

唐振尧和臧穆 1984；赵之伟和杜刚 1997；林清洪和黄维南 1999；邢晓科等 2000；张美庆等 2001；赵之伟等 2001；李建平等 2003；Zhao et al. 2003；钱伟华和贺学礼 2009；

姜攀等 2012。

德里球囊霉

Glomus delhiense Mukerji, Bhattacharjee & J.P. Tewari, Trans. Br. Mycol. Soc. 81 (3): 643. 1983. **Type:** India (Delhi).

四川（SC）、渤海湾、黄河三角洲；印度。

张美庆和王幼珊 1991a；王发园和刘润进 2002a；刘润进等 2002；张英等 2003a。

沙荒球囊霉

Glomus deserticola Trappe, Bloss & J.A. Menge, Mycotaxon 20 (1): 123. 1984. **Type:** United States (California).

内蒙古（NM）、河北（HEB）、山东（SD）、陕西（SN）、宁夏（NX）、甘肃（GS）、新疆（XJ）、云南（YN）、福建（FJ）、黄河三角洲；美国。

张美庆和王幼珊 1991a；赵之伟 1998；王发园和刘润进 2002a；石兆勇等 2003a；包玉英和闫伟 2004；冀春花等 2007；包玉英等 2007；陈志超等 2008；吴丽莎等 2009；钱伟华和贺学礼 2009；贺学礼等 2010；姜攀等 2012。

长孢球囊霉

Glomus dolichosporum M.Q. Zhang & You S. Wang, Mycosystema 16 (4): 241. 1997. **Type:** China (Fujian).

河北（HEB）、山东（SD）、甘肃（GS）、新疆（XJ）、四川（SC）、云南（YN）、福建（FJ）、海南（HI）。

张美庆等 1997；石兆勇等 2003a，2003b；张英等 2003a；冀春花等 2007；陈志超等 2008；吴丽莎等 2009；贺学礼等 2010；姜攀等 2012。

黄孢球囊霉

Glomus flavisporum (M. Lange & E.M. Lund) Trappe & Gerd., Mycol. Mem. 5: 58. 1974.

西藏（XZ）。

唐振尧和臧穆 1984；张美庆和王幼珊 1991a；高清明等 2006。

台湾球囊霉

Glomus formosanum C.G. Wu & Z.C. Chen, Taiwania 31: 71. 1986. **Type:** China (Taiwan).

内蒙古（NM）、山东（SD）、浙江（ZJ）、四川（SC）、福建（FJ）、台湾（TW）、广东（GD）、广西（GX）。

张美庆和王幼珊 1991a；张美庆等 1996；林清洪和黄维南 1999；张英等 2003a；包玉英和闫伟 2004；包玉英等 2007；姜攀等 2012。

脆球囊霉

Glomus fragile (Berk. & Broome) Trappe & Gerd., Mycol. Mem. 5: 59. 1974.

中国（具体地点不详）。

唐振尧和臧穆 1984。

无柄球囊霉

Glomus fuegianum (Speg.) Trappe & Gerd., Mycol. Mem. 5: 58. 1974.

中国（具体地点不详）。

唐振尧和臧穆 1984；张美庆和王幼珊 1991a。

肿胀球囊霉

Glomus gibbosum Błaszk., Mycologia 89 (2): 339. 1997. **Type:** Poland.

四川（SC）；波兰。

张英等 2003a。

团集球囊霉

Glomus glomerulatum Sieverd., Mycotaxon 29: 74. 1987. **Type:** Colombia.

云南（YN）、海南（HI）；哥伦比亚。

张美庆和王幼珊 1991a；王发园和刘润进 2002a；石兆勇等 2003a，2003b。

异形球囊霉

Glomus heterosporum G.S. Sm. & N.C. Schenck, Mycologia 77 (4): 567. 1985. **Type:** United States (Florida).

四川（SC）、福建（FJ），黄河三角洲；美国。

张美庆和王幼珊 1991a；张英等 2003a，2003b；姜攀等 2012。

何氏球囊霉

Glomus hoi S.M. Berch & Trappe, Mycologia 77 (4): 654. 1985. **Type:** United States (Oregon).

内蒙古（NM）、北京（BJ）、山东（SD）、新疆（XJ）、云南（YN）、西藏（XZ）、福建（FJ）、广西（GX）、海南（HI），渤海湾、黄河三角洲；美国。

张美庆和王幼珊 1991a；张美庆等 1992，2001；林清洪和黄维南 1999；盖京苹等 2000；王发园和刘润进 2002a；刘润进等 2002；石兆勇等 2003a，2003b；Zhuang 2005；高清明等 2006；包玉英等 2007。

海得拉巴球囊霉

Glomus hyderabadensis Swarupa, Kunwar, G.S. Prasad & Manohar., Mycotaxon 89 (2): 247. 2004. **Type:** India (Andhra Pradesh).

山东（SD）、云南（YN）、福建（FJ）；印度。

王淼焱等 2006；肖艳萍等 2008；姜攀等 2012。

大果球囊霉

Glomus macrocarpum Tul. & C. Tul., G. Bot. Ital. 1 (2): 63. 1844. **Type:** France.

Endogone macrocarpa (Tul. & C. Tul.) Tul. & C. Tul., Fungi Hypog. p 182. 1851.

黑龙江（HL）、内蒙古（NM）、河北（HEB）、北京（BJ）、山东（SD）、陕西（SN）、宁夏（NX）、甘肃（GS）、新疆（XJ）、湖北（HB）、云南（YN）、西藏（XZ）、福建（FJ）、广东（GD）、广西（GX）、海南（HI）；法国。

唐振尧和臧穆 1984；彭生斌等 1990；张美庆和王幼珊 1991a；尚衍重等 1998；张美庆等 2001；李建平等 2003；石兆勇等 2003a，2003b；盖京苹等 2004；高清明等 2006；冀春花等 2007；包玉英等 2007；肖艳萍等 2008；陈志超等 2008；钱伟华和贺学礼 2009；姜攀等 2012。

宽柄球囊霉

Glomus magnicaule I.R. Hall, Trans. Br. Mycol. Soc. 68 (3): 345. 1977. **Type:** New Zealand (Aotearoa).

宁夏（NX）、新疆（XJ）、云南（YN）；新西兰。

唐振尧和臧穆 1984；石兆勇等 2003a；陈志超等 2008；钱伟华和贺学礼 2009。

黑球囊霉

Glomus melanosporum Gerd. & Trappe, Mycol. Mem. 5: 46. 1974. **Type:** United States (Oregon).

陕西（SN），黄河三角洲；美国。

唐振尧和臧穆 1984；张美庆和王幼珊 1991a；王发园和刘润进 2002a；钱伟华和贺学礼 2009。

小果球囊霉

Glomus microcarpum Tul. & C. Tul., G. Bot. Ital. 1 (2): 63. 1844.

黑龙江（HL）、内蒙古（NM）、山东（SD）、甘肃（GS）、新疆（XJ）、浙江（ZJ）、云南（YN）、福建（FJ）、广东（GD）、广西（GX）、海南（HI）。

唐振尧和臧穆 1984；彭生斌等 1990；张美庆和王幼珊 1991a；张美庆等 1996；赵之伟等 2001；李建平等 2003；石兆勇等 2003a，2003b；Zhao et al. 2003；包玉英和闫伟 2004；冀春花等 2007；肖艳萍等 2008；陈志超等 2008；姜攀等 2012。

单孢球囊霉

Glomus monosporum Gerd. & Trappe, Mycol. Mem. 5: 41. 1974. **Type:** United States (Oregon).

云南（YN）、福建（FJ）；美国。

唐振尧和臧穆 1984；张美庆和王幼珊 1991a；赵之伟 1998，1999；赵之伟等 2001；李建平等 2003；Zhao et al. 2003；肖艳萍等 2008；姜攀等 2012。

莫顿球囊霉

Glomus mortonii Bentiv. & Hetrick, Mycotaxon 42: 10. 1991. **Type:** United States (Kansas).

重庆（CQ）；美国。

蔡邦平等 2012。

多梗球囊霉

Glomus multicaule Gerd. & B.K. Bakshi, Trans. Br. Mycol. Soc. 66 (2): 340. 1976. **Type:** India (Uttar Pradesh).

河北（HEB）、陕西（SN）、宁夏（NX）、云南（YN）、福建（FJ）；印度。

唐振尧和臧穆 1984；张美庆和王幼珊 1991a；赵之伟和杜刚 1997；赵之伟等 2001；Zhao et al. 2003；钱伟华和贺学礼 2009；贺学礼等 2010；姜攀等 2012。

凹坑球囊霉

Glomus multiforum Tadych & Błaszk., Mycologia 89 (5): 805. 1997. **Type:** Poland.

河北（HEB）、云南（YN）；波兰。

赵丹丹等 2006；贺学礼等 2010。

多丝球囊霉 [新拟]

Glomus multisubstensum Mukerji, Bhattacharjee & J.P. Tewari, Trans. Br. Mycol. Soc. 81 (3): 641. 1983. **Type:** India (Delhi).

中国（具体地点不详）；印度。

张美庆和王幼珊 1991a。

微腔球囊霉

Glomus nanolumen Koske & Gemma, Mycologia 81 (6): 935. 1990 [1989]. **Type:** United States (Hawaiian Is lands).

新疆（XJ）；美国。

陈志超等 2008。

苍白球囊霉 [新拟]

Glomus pallidum I.R. Hall, Trans. Br. Mycol. Soc. 68 (3): 343. 1977. **Type:** New Zealand (Aotearoa).

黑龙江（HL）、北京（BJ）、湖北（HB）、四川（SC）、云南（YN）、广东（GD）；新西兰。

彭生斌等 1990；张美庆和王幼珊 1991a；张英等 2003a。

膨胀球囊霉

Glomus pansihalos S.M. Berch & Koske, Mycologia 78 (5): 832. 1986. **Type:** United States (California).

内蒙古（NM）、甘肃（GS）、新疆（XJ）、云南（YN），黄河三角洲；美国。

张美庆和王幼珊 1991a；王发园和刘润进 2002a；冀春花等 2007；包玉英等 2007；肖艳萍等 2008。

柔毛球囊霉

Glomus pubescens (Sacc. & Ellis) Trappe & Gerd., Mycol. Mem. 5: 57. 1974.

中国（具体地点不详）。

唐振尧和臧穆 1984；张美庆和王幼珊 1991a。

具疱球囊霉

Glomus pustulatum Koske, Friese, C. Walker & Dalpé, Mycotaxon 26: 143. 1986. **Type:** United States (Rhode Island).

海南（HI），黄河三角洲；美国。

张美庆和王幼珊 1991a；王发园和刘润进 2002a；石兆勇等 2003b。

放射球囊霉

Glomus radiatum (Thaxt.) Trappe & Gerd., Mycol. Mem. 5:

46. 1974.

中国（具体地点不详）。

唐振尧和臧穆 1984；张美庆和王幼珊 1991a。

网状球囊霉

Glomus reticulatum Bhattacharjee & Mukerji, Sydowia 33: 14. 1980. **Type:** India (Karnataka).

辽宁（LN）、河北（HEB）、北京（BJ）、山东（SD）、陕西（SN）、宁夏（NX）、新疆（XJ）、云南（YN）、福建（FJ）、海南（HI），渤海湾、黄河三角洲；印度。

张美庆和王幼珊 1991a；盖京苹等 2000，2004；赵之伟等 2001；王发园和刘润进 2002a；刘润进等 2002；李建平等 2003；石兆勇等 2003a，2003b；陈志超等 2008；钱伟华和贺学礼 2009；贺学礼等 2010；钟凯等 2010；姜攀等 2012。

悬钩子状球囊霉

Glomus rubiforme (Gerd. & Trappe) R.T. Almeida & N.C. Schenck, Mycologia 82 (6): 709. 1990.

Sclerocystis rubiformis Gerd. & Trappe, Mycol. Mem. 5: 60. 1974.

辽宁（LN）、北京（BJ）、山东（SD）、甘肃（GS）、新疆（XJ）、云南（YN）、福建（FJ）、广东（GD）、广西（GX）、海南（HI）；美国。

唐振尧和臧穆 1984；王幼珊等 1996；盖京苹等 2000；李建平等 2003；Zhao et al. 2003；冀春花等 2007；肖艳萍等 2008；姜攀等 2012。

分割球囊霉 [新拟]

Glomus segmentatum Trappe, Spooner & Ivory, Trans. Br. Mycol. Soc. 73 (2): 362. 1979. **Type:** Belize.

中国（具体地点不详）；伯利兹。

张美庆和王幼珊 1991a。

弯丝球囊霉

Glomus sinuosum (Gerd. & B.K. Bakshi) R.T. Almeida & N.C. Schenck, Mycologia 82 (6): 710. 1990.

Sclerocystis sinuosa Gerd. & B.K. Bakshi, Trans. Br. Mycol. Soc. 66 (2): 343. 1976.

山东（SD）、新疆（XJ）、浙江（ZJ）、云南（YN）、西藏（XZ）、福建（FJ）、广东（GD）、广西（GX）；印度。

唐振尧和臧穆 1984；汪洪钢等 1992；王幼珊等 1996；林清洪和黄维南 1999；张美庆等 2001；赵之伟等 2001；李建平等 2003；Zhao et al. 2003；高清明等 2006；陈志超等 2008；姜攀等 2012。

微刺球囊霉

Glomus spinuliferum Sieverd. & Oehl, Mycotaxon 86: 158. 2003. **Type:** Germany.

四川（SC）、重庆（CQ）、贵州（GZ）、西藏（XZ）；德国。

蔡邦平等 2009。

阴性球囊霉

Glomus tenebrosum (Thaxt.) S.M. Berch, Can. J. Bot. 61 (10): 2615. 1983.

黄河三角洲。

张美庆和王幼珊 1991a；王发园和刘润进 2002a。

细球囊霉

Glomus tenue (Greenall) I.R. Hall, Trans. Br. Mycol. Soc. 68 (3): 350. 1977.

中国（具体地点不详）。

唐振尧和臧穆 1984；张美庆和王幼珊 1991a。

沃克球囊霉

Glomus walkeri Błaszk. & Renker, in Błaszkowski, Renker & Buscot, Mycol. Res. 110 (5): 563. 2006.

云南（YN）。

肖艳萍等 2008。

沃氏球囊霉 ［新拟］

Glomus warcupii McGee, Trans. Br. Mycol. Soc. 87 (1): 125. 1986. **Type:** South Australia.

中国（具体地点不详）；澳大利亚。

张美庆和王幼珊 1991a。

枣庄球囊霉

Glomus zaozhuangianum F.Y. Wang & R.J. Liu, Mycosystema 21 (4): 522. 2002. **Type:** China (Shandong).

山东（SD）。

王发园和刘润进 2002b。

根球囊霉属

Rhizoglomus Sieverd., G.A. Silva & Oehl, Mycotaxon 129 (2): 377. 2015.

微丛根球囊霉 ［新拟］

Rhizoglomus microaggregatum (Koske, Gemma & P.D. Olexia) Sieverd., G.A. Silva & Oehl, Mycotaxon 129 (2): 381. 2015 [2014].

Glomus microaggregatum Koske, Gemma & P.D. Olexia, Mycotaxon 26: 125. 1986.

吉林（JL）、内蒙古（NM）、河北（HEB）、山东（SD）、陕西（SN）、甘肃（GS）、新疆（XJ）、浙江（ZJ）、云南（YN）、福建（FJ）、广东（GD）、广西（GX）、海南（HI），黄河三角洲；美国。

张美庆等 1996；邢晓科等 2000；王发园和刘润进 2002a；李建平等 2003；石兆勇等 2003a，2003b；包玉英和闫伟 2004；冀春花等 2007；肖艳萍等 2008；钱伟华和贺学礼 2009；贺学礼等 2010；姜攀等 2012。

噬根球囊霉属

Rhizophagus P.A. Dang., Botaniste 5: 43. 1896.

聚丛噬根球囊霉 ［新拟］

Rhizophagus aggregatus (N.C. Schenck & G.S. Sm.) C. Walker, Index Fungorum 286: 1. 2016.

Glomus aggregatum N.C. Schenck & G.S. Sm., Mycologia 74 (1): 80. 1982.

内蒙古（NM）、河北（HEB）、北京（BJ）、山东（SD）、河南（HEN）、陕西（SN）、宁夏（NX）、甘肃（GS）、新疆（XJ）、浙江（ZJ）、江西（JX）、湖北（HB）、四川（SC）、云南（YN）、西藏（XZ）、福建（FJ）、广东（GD）、广西（GX）、海南（HI），渤海湾、黄河三角洲；美国。

彭生斌等 1990；张美庆和王幼珊 1991a；吴铁航等 1995；张美庆等 1996，2001；盖京苹等 2000，2004；王发园和刘润进 2002a；刘润进等 2002；李建平等 2003；石兆勇等 2003a，2003b；张英等 2003a；Zhao et al. 2003；包玉英和闫伟 2004；Zhuang 2005；卢东升和吴小芹 2005；高清明等 2006；冀春花等 2007；包玉英等 2007；肖艳萍等 2008；陈志超等 2008；钱伟华和贺学礼 2009；蒋敏等 2009；贺学礼等 2010；姜攀等 2012。

明噬根球囊霉 ［新拟］

Rhizophagus clarus (T.H. Nicolson & N.C. Schenck) C. Walker & A. Schüßler, The Glomeromycota, A Species List With New Families and New Genera (Gloucester) p 19. 2010.

Glomus clarum T.H. Nicolson & N.C. Schenck, Mycologia 71 (1): 182. 1979.

内蒙古（NM）、河北（HEB）、北京（BJ）、山东（SD）、新疆（XJ）、江西（JX）、四川（SC）、云南（YN）、西藏（XZ）、福建（FJ）、海南（HI），渤海湾、黄河三角洲；美国。

唐振尧和臧穆 1984；张美庆和王幼珊 1991a；吴铁航等 1995；赵之伟 1998，1999；盖京苹等 2000，2004；赵之伟等 2001；王发园和刘润进 2002a；刘润进等 2002；李建平等 2003；石兆勇等 2003a，2003b；张英等 2003a；Zhao et al. 2003；高清明等 2006；陈志超等 2008；任嘉红等 2008；吴丽莎等 2009；蒋敏等 2009；贺学礼等 2010；姜攀等 2012。

透光噬根球囊霉 ［新拟］

Rhizophagus diaphanus (J.B. Morton & C. Walker) C. Walker & A. Schüßler, The Glomeromycota, A Species List With New Families and New Genera (Gloucester) p 19. 2010.

Glomus diaphanum J.B. Morton & C. Walker, Mycotaxon 21: 433. 1984.

辽宁（LN）、内蒙古（NM）、北京（BJ）、山东（SD）、宁夏（NX）、新疆（XJ）、福建（FJ），渤海湾；美国。

张美庆和王幼珊 1991a，1991b；林清洪和黄维南 1999；盖京苹等 2000；刘润进等 2002；包玉英和闫伟 2004；Zhuang 2005；包玉英等 2007；钱伟华和贺学礼 2009；钟凯等 2010；姜攀等 2012。

集噬根球囊霉 [新拟]

Rhizophagus fasciculatus (Thaxt.) C. Walker & A. Schüßler, The Glomeromycota, A Species List With New Families and New Genera (Gloucester) p 19. 2010.

Endogone fasciculata Thaxt., Proc. Amer. Acad. Arts & Sci. 57: 308. 1922.

Glomus fasciculatum (Thaxt.) Gerd. & Trappe, Mycol. Mem. 5: 51. 1974.

黑龙江（HL）、吉林（JL）、内蒙古（NM）、河北（HEB）、北京（BJ）、山西（SX）、山东（SD）、陕西（SN）、宁夏（NX）、新疆（XJ）、江西（JX）、湖北（HB）、四川（SC）、云南（YN）、西藏（XZ）、福建（FJ）、广东（GD），渤海湾；加拿大、美国、哥伦比亚。

唐振尧和臧穆 1984；洪淑梅等 1987；彭生斌等 1990；张美庆和王幼珊 1991a；张美庆等 1992；吴铁航等 1995；赵之伟 1998；尚衍重等 1998；盖京苹等 2000；邢晓科等 2000；赵之伟等 2001；刘润进等 2002；李建平 2003；张英等 2003a；Zhao et al. 2003；包玉英和闫伟 2004；Zhuang 2005；高清明等 2006；包玉英等 2007；肖艳萍等 2008；钱伟华和贺学礼 2009；蒋敏等 2009；贺学礼等 2010；钟凯等 2010；姜攀等 2012。

根内噬根球囊霉 [新拟]

Rhizophagus intraradices (N.C. Schenck & G.S. Sm.) C. Walker & A. Schüßler, The Glomeromycota, A Species List With New Families and New Genera (Gloucester) p 19. 2010.

Glomus intraradices N.C. Schenck & G.S. Sm., Mycologia 74 (1): 78. 1982.

黑龙江（HL）、内蒙古（NM）、河北（HEB）、北京（BJ）、山东（SD）、甘肃（GS）、新疆（XJ）、湖北（HB）、云南（YN）、福建（FJ）、广东（GD）、广西（GX）、渤海湾、黄河三角洲；美国。

彭生斌等 1990；张美庆等 1992，2001；盖京苹等 2000，2004；王发园和刘润进 2002a；刘润进等 2002；李建平等 2003；石兆勇等 2003a；包玉英和闫伟 2004；Zhuang 2005；冀春花等 2007；包玉英等 2007；肖艳萍等 2008；姜攀等 2012。

套膜噬根球囊霉 [新拟]

Rhizophagus invermaius (I.R. Hall) C. Walker, Index Fungorum 286: 1. 2016.

Glomus invermaium I.R. Hall, Trans. Br. Mycol. Soc. 68 (3): 345. 1977.

西藏（XZ）；新西兰。

唐振尧和臧穆 1984；张美庆和王幼珊 1991a；高清明等 2006。

木薯噬根球囊霉 [新拟]

Rhizophagus manihotis (R.H. Howeler, Sieverd. & N.C. Schenck) C. Walker & A. Schüßler, The Glomeromycota, A Species List With New Families and New Genera (Gloucester) p 19. 2010.

Glomus manihotis R.H. Howeler, Sieverd. & N.C. Schenck, Mycologia 76 (4): 695. 1984.

江西（JX）、福建（FJ）、广西（GX），渤海湾、黄河三角洲；哥伦比亚。

张美庆和王幼珊 1991a；吴铁航等 1994，1995；张美庆等 2001；王发园和刘润进 2002a；刘润进等 2002；姜攀等 2012。

泡囊噬根球囊霉

Rhizophagus vesiculifer (Thaxt.) C. Walker & A. Schüßler, Mycorrhiza 23: 6. 2013.

Glomus vesiculiferum (Thaxt.) Gerd. & Trappe, Mycol. Mem. 5: 49. 1974.

中国（具体地点不详）。

唐振尧和臧穆 1984；张美庆和王幼珊 1991a。

硬囊霉属

Sclerocystis Berk. & Broome, J. Linn. Soc. 14 (2): 137. 1873.

粒状硬囊霉 [新拟]

Sclerocystis coccogenum (Pat.) Höhn., Sber. Akad. Wiss. Wien, Math.-Naturw. Kl., Abt. 1 119: 399 [7 repr.]. 1910.

中国（具体地点不详）。

唐振尧和臧穆 1984。

杜西硬囊霉 [新拟]

Sclerocystis dussii (Pat.) Höhn., Sber. Akad. Wiss. Wien, Math.-Naturw. Kl., Abt. 1 119: 399 [7 repr.]. 1910.

中国（具体地点不详）。

唐振尧和臧穆 1984。

枫香硬囊霉

Sclerocystis liquidambaris C.G. Wu & Z.C. Chen, Trans. Mycol. Soc. Rep. China 2 (2): 74. 1987. **Type:** China (Taiwan).

浙江（ZJ）、云南（YN）、台湾（TW）。

王幼珊等 1996；赵之伟 1998。

台湾硬囊霉

Sclerocystis taiwanensis C.G. Wu & Z.C. Chen, Trans. Mycol. Soc. Rep. China 2 (2): 78. 1987. **Type:** China (Taiwan).

云南（YN）、福建（FJ）、台湾（TW）、广东（GD）、广西（GX）。

王幼珊等 1996；赵之伟 1998。

隔囊霉属

Septoglomus Sieverd., G.A. Silva & Oehl, Mycotaxon 116: 106. 2011.

黏质隔囊霉 [新拟]

Septoglomus viscosum (T.H. Nicolson) C. Walker, D. Redecker, Stille & A. Schüßler, Mycorrhiza 23 (7): 524. 2013.

Glomus viscosum T.H. Nicolson, Mycol. Res. 99 (12): 1502. 1995.

内蒙古（NM）、河北（HEB）、云南（YN）、福建（FJ）；

欧洲（德国或意大利）。

李建平等 2003；包玉英和闫伟 2004；李涛等 2004；贺学礼等 2010；姜攀等 2012。

类球囊霉目 Paraglomerales C. Walker & A. Schüßler

类球囊霉科 Paraglomeraceae J.B. Morton & D. Redecker

类球囊霉属

Paraglomus J.B. Morton & D. Redecker, Mycologia 93 (1): 188. 2001.

白色类球囊霉 ［新拟］

Paraglomus albidum (C. Walker & L.H. Rhodes) Oehl, G.A. Silva & Sieverd., Mycotaxon 116: 112. 2011.
Glomus albidum C. Walker & L.H. Rhodes, Mycotaxon 12 (2): 509. 1981.
黑龙江（HL）、内蒙古（NM）、北京（BJ）、陕西（SN）、宁夏（NX）、新疆（XJ）、湖北（HB）、四川（SC）、云南（YN）、福建（FJ）、广东（GD），黄河三角洲；美国。
彭生斌等 1990；张美庆和王幼珊 1991a；王发园和刘润进 2002a；李建平等 2003；张英等 2003a；包玉英和闫伟 2004；陈志超等 2008；钱伟华和贺学礼 2009；蒋敏等 2009；姜攀等 2012。

巴西类球囊霉

Paraglomus brasilianum Spain & J. Miranda ex J.B. Morton & D. Redecker, Mycologia 93 (1): 190. 2001.
西藏（XZ）。
蔡邦平等 2009。

乳状类球囊霉 ［新拟］

Paraglomus lacteum (S.L. Rose & Trappe) Oehl, G.A. Silva & Sieverd., Mycotaxon 116: 112. 2011.
Glomus lacteum S.L. Rose & Trappe, Mycotaxon 10 (2): 415. 1980.
中国（具体地点不详）；美国。
张美庆和王幼珊 1991a。

隐类球囊霉

Paraglomus occultum (C. Walker) J.B. Morton & D. Redecker, Mycologia 93 (1): 190. 2001.
Glomus occultum C. Walker, Mycotaxon 15: 50. 1982.
黑龙江（HL）、辽宁（LN）、北京（BJ）、山东（SD）、甘肃（GS）、新疆（XJ）、湖北（HB）、云南（YN）、福建（FJ）、广东（GD）、广西（GX），渤海湾；美国。
彭生斌等 1990；张美庆和王幼珊 1991a，1991b；赵之伟 1998；林清洪和黄维南 1999；盖京苹等 2000；张美庆等 2001；刘润进等 2002；李建平等 2003；石兆勇等 2003a；Zhuang 2005；冀春花等 2007；吴丽莎等 2009。

单毛菌纲 Monoblepharidomycetes J.H. Schaffn.

单毛菌目 Monoblepharidales Sparrow

肋壶菌科 Harpochytriaceae Wille

肋壶菌属

Harpochytrium Lagerh., Hedwigia 29: 143. 1890.

弯囊肋壶菌

Harpochytrium hedenii Wille, Petermann's Geogr. Mitt. Ergänz. 28: 371. 1900.
重庆（CQ）。
Ou 1940。

间型肋壶菌

Harpochytrium intermedium G.F. Atk., Annls Mycol. 1 (6): 500. 1903.
重庆（CQ）。
Ou 1940。

单毛菌科 Monoblepharidaceae A. Fisch.

单毛菌属

Monoblepharis Cornu, Bull. Soc. Bot. Fr. 18: 59. 1871.

多形单毛菌

Monoblepharis polymorpha Cornu, Bull. Soc. Bot. Fr. 18: 59. 1871.
江苏（JS）、湖北（HB）。
王宏勋等 2007。

新靓鞭菌纲　Neocallimastigomycetes M.J. Powell

新靓鞭菌目　Neocallimastigales J.L. Li, I.B. Heath & L. Packer

新靓鞭菌科　Neocallimastigaceae I.B. Heath

厌氧菌属

Anaeromyces Breton, Bernalier, Dusser, Fonty, B. Gaillard & J. Guillot, FEMS Microbiol. Lett. 70: 181. 1990.

雅致厌氧菌［新拟］

Anaeromyces elegans (Y.W. Ho) Y.W. Ho, Mycotaxon 47: 283. 1993.
Ruminomyces elegans Y.W. Ho, Mycotaxon 38: 398. 1990.
江苏（JS）；澳大利亚。
沈赞明和韩正康 1993。

根囊鞭菌属

Orpinomyces D.J.S. Barr, H. Kudo, Jakober & K.J. Cheng, Can. J. Bot. 67 (9): 2819. 1989.

牛根囊鞭菌［新拟］

Orpinomyces bovis D.J.S. Barr, H. Kudo, Jakober & K.J. Cheng, Can. J. Bot. 67 (9): 2819. 1989. **Type:** Canada (Ontario).
江苏（JS）；加拿大。
沈赞明和韩正康 1993。

梨壶菌属

Piromyces J.J. Gold, I.B. Heath & Bauchop, BioSystems 21 (3-4): 411. 1988.

普通梨壶菌［新拟］

Piromyces communis J.J. Gold, I.B. Heath & Bauchop, BioSystems 21 (3-4): 411. 1988. **Type:** United Kingdom.
江苏（JS）；英国。
沈赞明和韩正康 1993。

纲的归属有待确定的类群　Classis incertae sedis

蛙粪霉目　Basidiobolales Jacz. & P.A. Jacz.

蛙粪霉科　Basidiobolaceae Engl. & E. Gilg

蛙粪霉属

Basidiobolus Eidam, Beitr. Biol. Pfl. 4: 194. 1886.

大孢蛙粪霉

Basidiobolus magnus Drechsler, Am. J. Bot. 51: 771. 1964. **Type:** United States (Maryland).
台湾（TW）；美国。
Li et al. 1999；李增智 2000。

蛙粪霉

Basidiobolus ranarum Eidam, Beitr. Biol. Pfl. 4: 194. 1886 [1885]. **Type:** Germany.
Basidiobolus haptosporus Drechsler, Bull. Torrey Bot. Club 74: 411. 1947.
Basidiobolus meristosporus Drechsler, J. Wash. Acad. Sci. 45: 50. 1955.
北京（BJ）、江苏（JS）、江西（JX）、重庆（CQ）、福建（FJ）、台湾（TW）；印度尼西亚、法国、德国、俄罗斯、加拿大、美国、巴西；非洲。
Ou 1940；黄耀坚等 1989a，1991；黄耀坚和郑本暖 1990a；王德祥和瞿俊杰 1993；Li et al. 1999；李增智 2000。

双珠霉目　Dimargaritales R.K. Benj.

双珠霉科　Dimargaritaceae R.K. Benj.

双珠霉属

Dimargaris Tiegh., Annls Sci. Nat. 1: 154. 1875.

冠突双珠霉

Dimargaris cristalligena Tiegh., Annls Sci. Nat., Bot., sér. 6 1: 154. 1875. **Type:** France.

台湾（TW）；法国。

简秋源 2004。

双卷霉属

Dispira Tiegh., Annls Sci. Nat. 1: 160. 1875.

双卷霉

Dispira cornuta Tiegh., Annls Sci. Nat., Bot., sér. 6 1: 160. 1875.

台湾（TW）。

简秋源 2004；Ho & Chuang 2010。

小孢双卷霉

Dispira parvispora R.K. Benj., Aliso 5 (3): 281. 1963. **Type:** United States (California).

台湾（TW）；美国。

简秋源 2004。

简单双卷霉

Dispira simplex R.K. Benj., Aliso 4 (2): 387. 1959. **Type:** United States (California).

台湾（TW）；美国。

简秋源 2004；Ho & Chuang 2010。

内囊霉目 Endogonales Jacz. & P.A. Jacz.

内囊霉科 Endogonaceae Paol.

内囊霉属

Endogone Link, Mag. Gesell. Naturf. Freunde, Berlin 3 (1-2): 33. 1809.

顶生内囊霉

Endogone acrogena Gerd., Trappe & Hosford, Mycol. Mem. 5: 22. 1974. **Type:** United States (Washingto).

中国（具体地点不详）；美国。

唐振尧和臧穆 1984。

聚集内囊霉

Endogone aggregata P.A. Tandy, Aust. J. Bot. 23: 853. 1975. **Type:** Australia.

中国（具体地点不详）；澳大利亚。

唐振尧和臧穆 1984。

白内囊霉

Endogone alba (Petch) Gerd. & Trappe, Mycol. Mem. 5: 25. 1974.

中国（具体地点不详）。

唐振尧和臧穆 1984。

粗内囊霉

Endogone crassa P.A. Tandy, Aust. J. Bot. 23: 855. 1975. **Type:** South Australia.

中国（具体地点不详）；澳大利亚。

唐振尧和臧穆 1984。

赤冠内囊霉

Endogone flammicorona Trappe & Gerd., Trans. Br. Mycol. Soc. 59 (3): 405. 1972. **Type:** Italy.

中国（具体地点不详）；意大利。

唐振尧和臧穆 1984。

厚内囊霉

Endogone incrassata Thaxt., Proc. Amer. Acad. Arts & Sci. 57: 315. 1922.

中国（具体地点不详）。

唐振尧和臧穆 1984。

俄勒冈内囊霉［新拟］

Endogone oregonensis Gerd. & Trappe, Mycol. Mem. 5: 21. 1974. **Type:** United States (Oregon).

中国（具体地点不详）；美国。

唐振尧和臧穆 1984。

网状内囊霉

Endogone reticulata P.A. Tandy, Aust. J. Bot. 23: 854. 1975. **Type:** Australia.

中国（具体地点不详）；澳大利亚。

唐振尧和臧穆 1984。

小瘤内囊霉

Endogone tuberculosa Lloyd, Mycol. Writ. 5 (Letter 65): 799. 1918. **Type:** Australia (New South Wales).

中国（具体地点不详）；澳大利亚。

唐振尧和臧穆 1984。

疣球内囊霉［新拟］

Endogone verrucosa Gerd. & Trappe, Mycol. Mem. 5: 19. 1974. **Type:** United States (Alaska).

中国（具体地点不详）；美国。

唐振尧和臧穆 1984。

被类囊霉属

Peridiospora C.G. Wu & Suh J. Lin, Mycotaxon 64: 180. 1997.

网纹孢被类囊霉［新拟］

Peridiospora reticulata C.G. Wu & Suh J. Lin, Mycotaxon 64: 184. 1997. **Type:** China (Taiwan).

台湾（TW）。

Wu & Lin 1997。

塔塔加孢被类囊霉［新拟］

Peridiospora tatachia C.G. Wu & Suh J. Lin, Mycotaxon 64: 181. 1997. **Type:** China (Taiwan).

台湾（TW）。

Wu & Lin 1997。

雍氏霉属

Youngiomyces Y.J. Yao, Kew Bull. 50 (2): 350. 1995.

层片雍氏霉 ［新拟］

Youngiomyces stratosus (Trappe, Gerd. & Fogel) Y.J. Yao, Kew Bull. 50 (2): 356. 1995.

Endogone stratosa Trappe, Gerd. & Fogel, Mycol. Mem. 5: 13. 1974.

中国（具体地点不详）；美国。

唐振尧和臧穆 1984。

虫霉目 Entomophthorales G. Winter

新月霉科 Ancylistaceae Pfitzer

新月霉属

Ancylistes Pfitzer, Monatsber. Königl. Preuss. Akad. Wiss. Berlin 1872: 396. 1872.

三浦新月霉

Ancylistes miurae Skvortsov, Arch. Protistenk. 51: 432. 1925.

江苏（JS）、台湾（TW）；印度尼西亚、喀麦隆、科特迪瓦、尼日利亚、美国、巴西。

李增智 2000。

耳霉属

Conidiobolus Bref., Mykol. Untersuch. 4: 35. 1884.

布雷德耳霉

Conidiobolus brefeldianus Couch, Am. J. Bot. 26: 119. 1939.

山东（SD）。

王承芳等 2010a。

冠耳霉

Conidiobolus coronatus (Costantin) A. Batko, Entomophaga, Mémoires Hors sér. 2: 129. 1964 [1962].

Entomophthora coronata (Costantin) Kevorkian, J. Agric. Univ. Puerto Rico 21 (2): 191. 1937.

北京（BJ）、山东（SD）、陕西（SN）、安徽（AH）、云南（YN）、福建（FJ）、广东（GD）；印度、以色列、日本、比利时、法国、波兰、瑞典、瑞士、乍得、科特迪瓦、尼日利亚、坦桑尼亚、百慕大群岛（英）、古巴、墨西哥、美国、巴西、澳大利亚。

臧穆 1980；黄耀坚等 1984；李增智 1985，2000；黄耀坚和郑本暖 1990a；王德祥和瞿俊杰 1993；Li et al. 1999；李伟等 2004，2005；杨秀敏等 2006；刘兴龙等 2009；贾春生 2011a。

牢盖耳霉

Conidiobolus firmipilleus Drechsler, Am. J. Bot. 40: 104. 1953. **Type:** United States (Virginia).

安徽（AH）；美国。

王承芳等 2010a。

异形孢耳霉

Conidiobolus heterosporus Drechsler, Am. J. Bot. 40: 107. 1953. **Type:** United States (Maryland).

山东（SD）、安徽（AH）；美国。

王承芳等 2010a。

异孢耳霉

Conidiobolus incongruus Drechsler, Am. J. Bot. 47: 370. 1960. **Type:** United States (Colorado).

福建（FJ）；印度、美国。

郑本暖等 1989；黄耀坚和郑本暖 1990a；王德祥和瞿俊杰 1993；Li et al. 1999；李增智 2000。

近隔接合孢耳霉

Conidiobolus iuxtagenitus S.D. Waters & Callaghan, Mycol. Res. 93 (2): 223. 1989. **Type:** United Kingdom.

山东（SD）；英国。

王承芳等 2010b。

大耳霉

Conidiobolus megalotocus Drechsler, Am. J. Bot. 43: 778. 1957 [1956]. **Type:** United States (Wisconsin).

福建（FJ）；印度、美国。

王德祥和瞿俊杰 1993；Li et al. 1999；李增智 2000。

噬菌耳霉

Conidiobolus mycophagus Sriniv. & Thirum., Sydowia 19 (1-6): 88. 1965 [1966]. **Type:** India (Maharashtra).

北京（BJ）；印度。

Li et al. 1999；李增智 2000。

菌生耳霉

Conidiobolus mycophilus Sriniv. & Thirum., Sydowia 19 (1-6): 86. 1965 [1966]. **Type:** India (Maharashtra).

北京（BJ）；印度。

王德祥和瞿俊杰 1993。

暗孢耳霉

Conidiobolus obscurus (I.M. Hall & P.H. Dunn) Remaud. & S. Keller, Mycotaxon 11 (1): 331. 1980.

黑龙江（HL）、吉林（JL）、辽宁（LN）、河北（HEB）、北京（BJ）、安徽（AH）、台湾（TW）；日本、比利时、芬兰、法国、荷兰、波兰、俄罗斯、瑞典、瑞士、英国、美国、阿根廷、巴西、智利、澳大利亚、新西兰。

徐庆丰等 1982；李增智 1985，2000；王德祥和黄少彬 1988；Li et al. 1999；孙杰等 2000；李伟等 2005；刘兴龙等 2009。

有味耳霉

Conidiobolus osmodes Drechsler, Am. J. Bot. 41: 571. 1954.

Type: United States (Louisiana).

吉林（JL）、福建（FJ）、广东（GD）；以色列、法国、波兰、美国、澳大利亚。

李增智 1985，2000；程素琴和龙厚茹 1987a；黄耀坚和郑本暖 1990a；黄耀坚等 1991；Li et al. 1999；李伟等 2005；刘兴龙等 2009；贾春生和刘发光 2010a。

多育耳霉

Conidiobolus polytocus Drechsler, Am. J. Bot. 42: 793. 1955. **Type:** United States.

福建（FJ）；美国。

王德祥和瞿俊杰 1993；Li et al. 1999；李增智 2000。

中华耳霉 [新拟]

Conidiobolus sinensis Y. Nie, X.Y. Liu & B. Huang, Mycotaxon 120: 432. 2012. **Type:** China (Anhui).

安徽（AH）。

Nie et al. 2012。

垫状耳霉

Conidiobolus stromoideus Sriniv. & Thirum., Sydowia 16 (1-6): 65. 1963 [1962]. **Type:** India.

北京（BJ）；印度。

王德祥和瞿俊杰 1993；Li et al. 1999；李增智 2000。

块状耳霉

Conidiobolus thromboides Drechsler, J. Wash. Acad. Sci. 43: 38. 1953. **Type:** United States (New Hampshire).

Entomophthora virulenta I.M. Hall & P.H. Dunn, Hilgardia 27: 164. 1957.

吉林（JL）、北京（BJ）、山东（SD）、陕西（SN）、安徽（AH）、福建（FJ）；以色列、日本、捷克、波兰、俄罗斯、瑞典、加拿大、美国、澳大利亚。

武觐文和王德祥 1984；李增智 1985，2000；程素琴和龙厚茹 1987b；陆文华和王末名 1988；黄耀坚和郑本暖 1990a；Li et al. 1999；李伟等 2003a，2003b，2004，2005；刘兴龙等 2009。

虫霉科 Entomophthoraceae Nowak.

巴科霉属

Batkoa Humber, Mycotaxon 34 (2): 446. 1989.

尖突巴科霉

Batkoa apiculata (Thaxt.) Humber, Mycotaxon 34 (2): 446. 1989.

Conidiobolus apiculatus (Thaxt.) Remaud. & S. Keller, Mycotaxon 11 (1): 330. 1980.

陕西（SN）、福建（FJ）；以色列、法国、波兰、俄罗斯、瑞典、瑞士、英国、乍得、科特迪瓦、尼日利亚、南非、美国、智利。

黄耀坚和郑本暖 1990a；樊美珍等 1992；Li et al. 1999；李

增智 2000；Zhuang 2005。

大孢巴科霉

Batkoa major (Thaxt.) Humber, Mycotaxon 34 (2): 446. 1989.

Conidiobolus major (Thaxt.) Remaud. & S. Keller, Mycotaxon 11 (1): 331. 1980.

北京（BJ）、福建（FJ）、广东（GD）；法国、波兰、瑞典、瑞士、美国、智利。

李增智 1985，2000；王德祥和黄少彬 1988；黄耀坚和郑本暖 1990a；Li et al. 1999；李伟等 2005；贾春生 2011a。

乳突巴科霉

Batkoa papillata (Thaxt.) Humber, Mycotaxon 34 (2): 446. 1989.

Conidiobolus papillatus (Thaxt.) Remaud. & S. Keller, Mycotaxon 11 (1): 331. 1980.

山东（SD）、福建（FJ）；波兰、瑞典、瑞士、英国、美国。

王末名等 1990；Li et al. 1999；李增智 2000。

噬虫霉属

Entomophaga A. Batko, Bull. Acad. Sci. 12: 325. 1964.

灯蛾噬虫霉

Entomophaga aulicae (E. Reichardt) Humber, Mycotaxon 21: 270. 1984.

Entomophthora aulicae (E. Reichardt) G. Winter, Hedwigia 15: 148. 1876.

吉林（JL）、北京（BJ）、陕西（SN）、宁夏（NX）、安徽（AH）、湖北（HB）、云南（YN）、福建（FJ）、广东（GD）；日本、荷兰、瑞士、加拿大、智利。

臧穆 1980；武觐文等 1980；黄耀坚和郑本暖 1990a；樊美珍等 1998；Li et al. 1999；李增智 2000；王四宝等 2003，2004；Zhuang 2005；贾春生和刘发光 2010b。

堆集噬虫霉

Entomophaga conglomerata (Sorokīn) S. Keller, Sydowia 40: 138. 1988 [1987].

北京（BJ）、广东（GD）；法国、波兰、俄罗斯、瑞典、瑞士。

Li et al. 1999；李增智 2000；贾春生 2010b。

蝗噬虫霉

Entomophaga grylli (Fresen.) A. Batko, Bull. Acad. Polon. Sci., Cl. II. sér. Sci. Biol. 12: 325. 1964.

Empusa grylli (Fresen.) Nowak., in Berlese, De Toni & Fischer, Syll. Fung. (Abellini) 7: 282. 1888.

黑龙江（HL）、内蒙古（NM）、河北（HEB）、山东（SD）、新疆（XJ）、安徽（AH）、江苏（JS）、四川（SC）、重庆（CQ）、福建（FJ）、台湾（TW）、广东（GD）。

Ou 1940；黄耀坚和郑本暖 1990a；Li et al. 1999；李增智 2000；李伟等 2004；贾春生和刘发光 2010a，2010b；贾春生 2011b。

堪萨斯噬虫霉

Entomophaga kansana (J.A. Hutchison) A. Batko, Bull. Acad. Polon. Sci., Cl. Ⅱ. sér. Sci. Biol. 12: 404. 1964.

Entomophthora kansana J.A. Hutchison, Mycologia 54 (3): 263. 1962 [1961].

北京（BJ）、山东（SD）、安徽（AH）、湖北（HB）、福建（FJ）；波兰、美国。

黄耀坚等 1985；王未名等 1990；黄耀坚和郑本暖 1990a；王德祥和瞿俊杰 1993；Li et al. 1999；李增智 2000。

虫霉属

Entomophthora Fresen., Bot. Ztg. 14: 883. 1856.

丽蝇虫霉 ［新拟］

Entomophthora calliphorae Giard, Bull. Sci. Dép. Nord 11: 356. 1879.

Pandora calliphorae (Giard) Humber, Mycotaxon 34 (2): 452. 1989.

贵州（GZ）；法国。

Li et al. 1999；李增智 2000；黄勃等 2000。

黑斑蚜虫霉 ［新拟］

Entomophthora chromaphidis O.F. Burger & Swain, J. Econ. Entomol. 11: 288. 1918.

中国（具体地点不详）。

刘兴龙等 2009。

库蚊虫霉

Entomophthora culicis (A. Braun) Fresen., Abh. Senckenb. Naturforsch. Ges. 2 (2): 206. 1858.

安徽（AH）、福建（FJ）、广东（GD）；以色列、法国、波兰、俄罗斯、瑞典、英国、美国。

Li et al. 1999；李增智 2000；孙杰等 2000；贾春生和洪波 2011。

突破虫霉

Entomophthora erupta (Dustan) I.M. Hall, Journal of Insect Pathology 1: 48. 1959.

广东（GD）。

贾春生 2011c。

蝇虫霉

Entomophthora muscae (Cohn) Fresen., Bot. Ztg. 14: 883. 1856.

Empusa muscae Cohn, Hedwigia 1 (10): 61. 1855.

北京（BJ）、山东（SD）、安徽（AH）、湖北（HB）、重庆（CQ）、云南（YN）、福建（FJ）、广东（GD）；印度、以色列、日本、捷克、丹麦、芬兰、法国、波兰、瑞典、瑞士、英国、南非、古巴、美国、巴西、智利、澳大利亚、新西兰。

Ou 1940；臧穆 1980；王德祥和黄少彬 1988；王中康等 1998；Li et al. 1999；李增智 2000；李伟等 2003b，2004；

贾春生和刘发光 2010a；贾春生 2011b。

普朗肯虫霉

Entomophthora planchoniana Cornu, Bull. Soc. Bot. Fr. 20: 189. 1873.

辽宁（LN）、河北（HEB）、北京（BJ）、山东（SD）、新疆（XJ）、安徽（AH）、浙江（ZJ）、湖南（HN）、贵州（GZ）、广东（GD）、广西（GX）；以色列、丹麦、芬兰、荷兰、波兰、瑞典、瑞士、英国、加拿大、美国、智利、澳大利亚。

李增智 1985，2000；Li et al. 1999；孙杰等 2000；李伟等 2003b，2004，2005；贾春生 2011d。

粉虫霉 ［新拟］

Entomophthora pseudococci Speare, Report Exp. Stat. Hawaiian Sugar Planters' Assoc., Path. & Phys. Bull 12: 26. 1912.

Conidiobolus pseudococci (Speare) Tyrrell & D.M. MacLeod, J. Invert. Path. 20 (1): 12. 1972.

黑龙江（HL）、安徽（AH）、浙江（ZJ）；英国、美国。

赵瑞兴等 1989；Li et al. 1999；李增智 2000；李伟等 2005。

圆孢虫霉

Entomophthora sphaerosperma Fresen., Bot. Ztg. 14: 883. 1856.

安徽（AH）、江苏（JS）、浙江（ZJ）、云南（YN）。

臧穆 1980；李增智等 1988a，1989。

虫疫霉属

Erynia (Nowak. ex A. Batko) Remaud. & Hennebert, Mycotaxon 11 (1): 301. 1980.

摇蚊虫疫霉

Erynia chironomi (M.Z. Fan & Z.Z. Li) M.Z. Fan & Z.Z. Li, Mycotaxon 53: 369. 1995.

安徽（AH）、广东（GD）。

Li et al. 1999；李增智 2000；贾春生和刘发光 2010a。

叶蝉虫疫霉

Erynia cicadellis Z.Z. Li & M.Z. Fan, Acta Mycol. Sin. 11 (3): 182. 1992. **Type:** China (Anhui).

安徽（AH）、福建（FJ）。

李增智等 1992。

锥虫疫霉 ［新拟］

Erynia conica (Nowak.) Remaud. & Hennebert, Mycotaxon 11 (1): 302. 1980.

中国（具体地点不详）。

李伟等 2005。

弯孢虫疫霉

Erynia curvispora (Nowak.) Remaud. & Hennebert, Mycotaxon 11 (1): 302. 1980.

北京（BJ）、福建（FJ）；法国、波兰、瑞典、瑞士、英国、美国。

黄耀坚等 1988a；黄耀坚和郑本暖 1990a；王德祥和瞿俊
杰 1993；Li et al. 1999；李增智 2000。

猬孢虫疫霉

Erynia erinacea (Ben Ze'ev & R.G. Kenneth) Remaud. &
Hennebert, Mycotaxon 11 (1): 302. 1980.

中国（具体地点不详）。

李增智 1985；李伟等 2005。

巨孢虫疫霉

Erynia gigantea Z.Z. Li, Z.A. Chen & Y.W. Xu, Acta Mycol.
Sin. 9 (4): 263. 1990. **Type:** China (Zhejiang).

安徽（AH）、浙江（ZJ）。

李增智等 1990；Li et al. 1999；李增智 2000。

纤细虫疫霉 ［新拟］

Erynia gracilis (Thaxt.) Remaud. & Hennebert, Mycotaxon
11 (1): 302. 1980.

中国（具体地点不详）。

李伟等 2005。

卵孢虫疫霉

Erynia ovispora (Nowak.) Remaud. & Hennebert, Mycotaxon
11 (1): 301. 1980.

北京（BJ）；以色列、波兰、瑞典、瑞士。

王德祥和瞿俊杰 1993；Li et al. 1999；李增智 2000。

简孢虫疫霉

Erynia phalloides (A. Batko) Humber & Ben Ze'ev, Mycotaxon
13 (3): 509. 1981.

中国（具体地点不详）。

李增智 1985。

圆孢虫疫霉

Erynia radicans (Bref.) Humber, Ben Ze'ev & R.G. Kenneth,
Mycotaxon 13 (3): 509. 1981.

北京（BJ）、安徽（AH）、四川（SC）、云南（YN）、福建
（FJ）。

李增智 1985；黄耀坚等 1988b；王朝禹和谭远碧 1989；
黄耀坚和郑本暖 1990a。

根孢虫疫霉

Erynia rhizospora (Thaxt.) Remaud. & Hennebert, Mycotaxon
11 (1): 302. 1980.

广东（GD）；瑞典、瑞士、美国。

贾春生 2011e。

虫瘴霉属

Furia (A. Batko) Humber, Mycotaxon 34 (2): 450. 1989.

美洲虫瘴霉

Furia americana (Thaxt.) Humber, Mycotaxon 34 (2): 450.

1989.

辽宁（LN）；意大利、英国、美国、阿根廷。

Li et al. 1999；李增智 2000。

灰灯蛾虫瘴霉

Furia creatonoti (D.F. Yen ex Humber) Humber, Mycotaxon
34 (2): 450. 1989.

台湾（TW）。

Li et al. 1999；李增智 2000。

壳状虫瘴霉

Furia crustosa (D.M. MacLeod & Tyrrell) Humber, Mycotaxon
34 (2): 451. 1989.

湖北（HB）；加拿大。

Li et al. 1999；李增智 2000。

福建虫瘴霉

Furia fujiana Y.J. Huang & Z.Z. Li, Acta Mycol. Sin. 12 (1):
1. 1993. **Type:** China (Fujian).

福建（FJ）。

黄耀坚和李增智 1993；Li et al. 1999；李增智 2000。

伊萨卡虫瘴霉

Furia ithacensis (J.P. Kramer) Humber, Mycotaxon 34 (2):
451. 1989.

Erynia ithacensis J.P. Kramer, Mycopathologia 75: 160. 1981.

福建（FJ）；波兰、加拿大、美国。

黄耀坚和郑本暖 1990a；Li et al. 1999；李增智 2000。

粉蝶虫瘴霉

Furia pieris (Z.Z. Li & Humber) Humber, Mycotaxon 34 (2):
451. 1989.

Erynia pieris Z.Z. Li & Humber, Can. J. Bot. 62: 656. 1984.

福建（FJ）；美国。

黄耀坚等 1989b；黄耀坚和郑本暖 1990a；Li et al. 1999；
李增智 2000。

山东虫瘴霉

Furia shandongensis W.M. Wang, W.H. Lu & Z.Z. Li,
Mycotaxon 50: 302. 1994. **Type:** China (Shandong).

山东（SD）。

Wang et al. 1994；Li et al. 1999；李增智 2000；李伟等 2004。

三角孢虫瘴霉

Furia triangularis (Villac. & Wilding) Z.Z. Li, M.Z. Fan & B.
Huang, Mycosystema 17 (1): 91. 1998.

安徽（AH）、贵州（GZ）；菲律宾。

樊美珍等 1998；Li et al. 1999；李增智 2000。

虫疠霉属

Pandora Humber, Mycotaxon 34 (2): 451. 1989.

菜叶蜂虫疠霉

Pandora athaliae (Z.Z. Li & M.Z. Fan) Z.Z. Li, M.Z. Fan &

B. Huang, Mycosystema 17 (1): 91. 1998.

陕西（SN）；瑞士。

Li et al. 1999；李增智 2000；黄勃等 2000；Zhuang 2005。

毛蚊虫疠霉

Pandora bibionis Z.Z. Li, B. Huang & M.Z. Fan, Mycosystema 16 (2): 91. 1997. **Type:** China (Zhejiang).

山东（SD）、安徽（AH）、浙江（ZJ）。

李增智等 1997；樊美珍等 1998；Li et al. 1999；李增智 2000；黄勃等 2000；王四宝等 2003，2004；李伟等 2003b，2004。

布伦克虫疠霉

Pandora blunckii (G. Lakon ex G. Zimm.) Humber, Mycotaxon 34 (2): 452. 1989.

吉林（JL）、陕西（SN）、宁夏（NX）、安徽（AH）、广东（GD）；以色列、日本、芬兰、德国、俄罗斯、瑞士。

樊美珍等 1992；Li et al. 1999；李增智 2000；孙杰等 2000；黄勃等 2000；Zhuang 2005；贾春生 2010b。

北虫疠霉

Pandora borea (M.Z. Fan & Z.Z. Li) Z.Z. Li, B. Huang & M.Z. Fan, Mycosystema 16 (2): 95. 1997.

Erynia borea M.Z. Fan & Z.Z. Li, Acta Mycol. Sin. 10 (2): 95. 1991.

吉林（JL）、陕西（SN）、宁夏（NX）、安徽（AH）。

樊美珍等 1991；李增智等 1997；Li et al. 1999；李增智 2000；Zhuang 2005；王宽仓等 2009。

金龟子虫疠霉

Pandora brahminae (S.K. Bose & P.R. Mehta) Humber, Mycotaxon 34 (2): 452. 1989.

Entomophthora brahminae S.K. Bose & P.R. Mehta, Trans. Br. Mycol. Soc. 36 (1): 55. 1953.

云南（YN）；印度。

臧穆 1980；武觐文等 1982；Li et al. 1999；李增智 2000；黄勃等 2000。

叶蝉虫疠霉

Pandora cicadellis (Z.Z. Li & M.Z. Fan) Z.Z. Li, M.Z. Fan & B. Huang, Mycosystema 17 (1): 91. 1998.

安徽（AH）、福建（FJ）。

Li et al. 1999；李增智 2000；黄勃等 2000。

飞虱虫疠霉

Pandora delphacis (Hori) Humber, Mycotaxon 34 (2): 452. 1989.

Erynia delphacis (Hori) Humber, Mycotaxon 13 (1): 212. 1981.

安徽（AH）、浙江（ZJ）、江西（JX）、福建（FJ）、广东（GD）、长江以南地区；印度、印度尼西亚、日本、菲律宾、德国、美国、巴西；东南亚。

李增智 1985，2000；黄耀坚和郑本暖 1990a；李增智等 1992；Li et al. 1999；黄勃等 2000；Xu & Feng 2002；贾春生 2011b，2011f。

双翅虫疠霉

Pandora dipterigena (Thaxt.) Humber, Mycotaxon 34 (2): 452. 1989.

Erynia dipterigena (Thaxt.) Remaud. & Hennebert, Mycotaxon 11 (1): 302. 1980.

贵州（GZ）、福建（FJ）、广东（GD）；以色列、法国、波兰、英国、美国。

黄耀坚和郑本暖 1990a，1990b；Li et al. 1999；李增智 2000；黄勃等 2000；贾春生 2010a。

刺孢虫疠霉

Pandora echinospora (Thaxt.) Humber, Mycotaxon 34 (2): 452. 1989.

Entomophthora echinospora (Thaxt.) Sacc. & Traverso, Syll. Fung. (Abellini) 9: 353. 1891.

山西（SX）、湖南（HN）；丹麦、德国、波兰、瑞典、瑞士、英国、哥斯达黎加、美国。

Li et al. 1999；李增智 2000；黄勃等 2000；宋东辉等 2001；李伟等 2005。

夜蛾虫疠霉

Pandora gammae (J. Weiser) Humber, Mycotaxon 34 (2): 453. 1989.

河北（HEB）；德国、波兰、美国、澳大利亚。

Li et al. 1999；李增智 2000。

胶孢虫疠霉 ［新拟］

Pandora gloeospora (Vuill.) Humber, Mycotaxon 34 (2): 453. 1989.

Furia gloeospora (Vuill.) Z.Z. Li, B. Huang & M.Z. Fan, Mycosystema 16 (2): 95. 1997.

安徽（AH）；法国、美国。

李增智等 1997；Li et al. 1999；李增智 2000。

近藤虫疠霉

Pandora kondoiensis (Milner) Humber, Mycotaxon 34 (2): 453. 1989.

Erynia kondoiensis Milner, Aust. J. Bot. 31: 183. 1983.

陕西（SN）、福建（FJ）；澳大利亚。

樊美珍等 1991；Li et al. 1999；李增智 2000；黄勃等 2000；Zhuang 2005；李伟等 2005。

新蚜虫疠霉

Pandora neoaphidis (Remaud. & Hennebert) Humber, Mycotaxon 34 (2): 452. 1989.

Erynia neoaphidis Remaud. & Hennebert, Mycotaxon 11 (1): 307. 1980.

黑龙江（HL）、吉林（JL）、辽宁（LN）、北京（BJ）、山东

（SD）、陕西（SN）、安徽（AH）、福建（FJ）、广东（GD），
长江以南地区；法国。

徐庆丰等 1982；李增智 1985，2000；陆文华和王末名
1988；黄耀坚和郑本暖 1990a；Li et al. 1999；孙杰等 2000；
黄勃等 2000；李伟等 2003b，2004，2005；刘兴龙等 2009；
贾春生 2011g。

努利虫疠霉

Pandora nouryi (Remaud. & Hennebert) Humber, Mycotaxon
34 (2): 453. 1989.

Erynia nouryi Remaud. & Hennebert, Mycotaxon 11 (1): 313.
1980.

北京（BJ）、山东（SD）、安徽（AH）、浙江（ZJ）、云南
（YN）；印度、伊拉克、以色列、巴基斯坦、法国、波兰、
瑞典、美国、澳大利亚。

李增智 1985，2000；陆文华和王末名 1988；Li et al. 1999，
2006；李伟等 2003b，2004，2005；Huang & Feng 2008；
刘兴龙等 2009；周湘等 2012；Zhou et al. 2012。

陕西虫疠霉

Pandora shaanxiensis M.Z. Fan & Z.Z. Li, Mycotaxon 50:
308. 1994. **Type:** China (Shaanxi).

陕西（SN）。

Li et al. 1999；李增智 2000；Zhuang 2005。

斯魏霉属

Strongwellsea A. Batko & J. Weiser, J. Invert. Path. 7: 463.
1965.

绝育斯魏霉

Strongwellsea castrans A. Batko & J. Weiser, J. Invert. Path.
7: 463. 1965. **Type:** United States (Wisconsin).

陕西（SN）；捷克、瑞士、英国、加拿大、美国。

Li et al. 1999；李增智 2000；Zhuang 2005。

干尸霉属

Tarichium Cohn, Beitr. Biol. Pfl. 1: 69. 1875.

黑孢干尸霉

Tarichium atrospermum (Petch) Bałazy, Flora Polska, Grzyby
(Mycota). Vol. 24. Owadomorkowe, Entomophthorales (Kraków)
p 256. 1993.

Entomophthora atrosperma Petch, Trans. Br. Mycol. Soc. 17
(3): 172. 1932.

山东（SD）；英国。

Li et al. 1999；李增智 2000；李伟等 2004，2005。

蝇干尸霉

Tarichium cyrtoneurae (Giard) Bałazy, Flora Polska, Grzyby
(Mycota). Vol. 24. Owadomorkowe, Entomophthorales (Kraków)
p 259. 1993.

山东（SD）；法国。

Li et al. 1999；李增智 2000；李伟等 2004。

大孢干尸霉

Tarichium megaspermum Cohn, Beitr. Biol. Pfl. 1: 69. 1875.

福建（FJ）；波兰、俄罗斯、加拿大、美国。

黄耀坚等 1991；Li et al. 1999；李增智 2000。

食蚜蝇干尸霉

Tarichium syrphis Z.Z. Li, B. Huang & M.Z. Fan, Mycosys-
tema 16 (2): 94. 1997. **Type:** China (Shaanxi).

陕西（SN）；波兰、俄罗斯、加拿大、美国。

李增智等 1997；Li et al. 1999；李增智 2000；Zhuang 2005。

虫瘟霉属

Zoophthora A. Batko, Bull. Acad. Polon. Sci. 12: 323. 1964.

安徽虫瘟霉

Zoophthora anhuiensis (Z.Z. Li) Humber, Mycotaxon 34 (2):
453. 1989.

Erynia anhuiensis Z.Z. Li, Acta Mycol. Sin. 5 (1): 2. 1986.

安徽（AH）、浙江（ZJ）、福建（FJ）、广东（GD）。

李增智 1985，1986，2000；黄耀坚和郑本暖 1990a；樊美
珍等 1998；Li et al. 1999；孙杰等 2000；王四宝等 2003，
2004；李伟等 2005；贾春生 2011d。

蚜虫瘟霉

Zoophthora aphidis (H. Hoffm.) A. Batko, Bull. Acad. Polon.
Sci., Cl. Ⅱ. sér. Sci. Biol. 12: 405. 1964.

Entomophthora aphidis H. Hoffm., Abh. Senckenb. Naturforsch.
Ges. 2: 208. 1858 [1856-58].

Erynia aphidis (H. Hoffm.) Humber & Ben Ze'ev, Mycotaxon
13 (3): 509. 1981.

山东（SD）、陕西（SN）、四川（SC）、福建（FJ）；法国、
波兰、瑞士。

李增智 1985，2000；李增智等 1992；杨克琼 1993；Li et
al. 1999；李伟等 2004，2005；Zhuang 2005。

加拿大虫瘟霉

Zoophthora canadensis (D.M. MacLeod, Tyrrell & R.S.
Soper) Remaud. & Hennebert, Mycotaxon 11 (1): 301. 1980.

Entomophthora canadensis D.M. MacLeod, Tyrrell & R.S.
Soper, Can. J. Bot. 57: 2664. 1979.

Erynia canadensis (D.M. Ma cLeod, Tyrrell & R.S. Soper)
Humber & Ben Ze'ev, Mycotaxon 13 (3): 509. 1981.

安徽（AH）；加拿大。

李增智 1985，2000；李增智等 1988b，1989；Li et al. 1999；
李伟等 2005。

西方虫瘟霉 ［新拟］

Zoophthora occidentalis (Thaxt.) A. Batko, Bull. Acad. Polon.
Sci., Cl. Ⅱ. sér. Sci. Biol. 12: 404. 1964.

Erynia occidentalis (Thaxt.) Humber & Ben Ze'ev, Mycotaxon
13 (3): 509. 1981.

山东（SD）。

李增智 1985；刘兴龙等 2009。

东方虫瘟霉 ［新拟］

Zoophthora orientalis Ben Ze'ev & R.G. Kenneth, Phytoparasitica 9 (1): 35. 1981. **Type:** Israel.

Erynia orientalis (Ben Ze'ev & R.G. Kenneth) Humber, Ben Ze'ev & R.G. Kenneth, Mycotaxon 13 (3): 509. 1981.

山东（SD）；以色列。

李增智 1985。

蝽虫瘟霉

Zoophthora pentatomis (Z.Z. Li) Z.Z. Li, M.Z. Fan & B. Huang, Mycosystema 17 (1): 91. 1998.

山东（SD）、安徽（AH）、湖北（HB）。

Li et al. 1999；李增智 2000；李伟等 2003b，2004。

佩氏虫瘟霉 ［新拟］

Zoophthora petchii Ben Ze'ev & R.G. Kenneth, Entomophaga 26 (2): 140. 1981. **Type:** United Kingdom.

Erynia petchii (Ben Ze'ev & R.G. Kenneth) Ben Ze'ev & R.G. Kenneth, Mycotaxon 14 (2): 467. 1982.

陕西（SN）、安徽（AH）；英国。

李增智等 1992。

根虫瘟霉

Zoophthora radicans (Bref.) A. Batko, Bull. Acad. Polon. Sci., Cl. Ⅱ. sér. Sci. Biol. 12: 323. 1964.

北京（BJ）、山西（SX）、山东（SD）、陕西（SN）、安徽（AH）、云南（YN）、福建（FJ）、广东（GD）、海南（HI）。

樊美珍 1998；Li et al. 1999；李增智 2000；孙杰等 2000；王四宝等 2003，2004；李伟等 2003b，2004，2005；贾春生 2010c；贾春生和洪波 2012。

新接霉科 **Neozygitaceae** Ben Ze'ev, R.G. Kenneth & Uziel

新接霉属

Neozygites Witlaczil, Arch. Mikr. Anat. 24: 599-603. 1885.

佛罗里达新接霉

Neozygites floridanus (J. Weiser & Muma) Remaud. & S. Keller, Mycotaxon 11 (1): 331. 1980.

福建（FJ）；以色列、日本、波兰、瑞士、美国。

Li et al. 1999；李增智 2000。

弗雷生新接霉

Neozygites fresenii (Nowak.) Remaud. & S. Keller, Mycotaxon 11 (1): 332. 1980.

Triplosporium fresenii (Nowak.) A. Batko, Bull. Acad. Polon. Sci., Cl. Ⅱ. sér. Sci. Biol. 12: 325. 1964.

黑龙江（HL）、吉林（JL）、辽宁（LN）、天津（TJ）、山东（SD）、陕西（SN）、安徽（AH）、湖北（HB）、福建（FJ）、海南（HI）。

徐庆丰等 1982；唐歌云 1984；李增智 1985，2000；陆文华和王末名 1988；黄耀坚和郑本暖 1990a；Li et al. 1999；李伟等 2004；Zhuang 2005；刘兴龙等 2009。

瓶孢新接霉 ［新拟］

Neozygites lageniformis (Thaxt.) Remaud. & S. Keller, Mycotaxon 11 (1): 332. 1980.

Triplosporium lageniforme (Thaxt.) A. Batko, Bull. Acad. Polon. Sci., Cl. Ⅱ. sér. Sci. Biol. 12: 403. 1964.

中国（具体地点不详）。

李增智 1985。

钩孢毛菌目 Harpellales Lichtw. & Manier

钩孢毛菌科 **Harpellaceae** L. Léger & Duboscq

钩孢毛菌属

Harpella L. Léger & Duboscq, C. R. Hebd. Séanc. Acad. Sci., Paris 188: 951. 1929.

钩孢毛菌

Harpella melusinae L. Léger & Duboscq, C. R. Hebd. Séanc. Acad. Sci., Paris 188: 951. 1929. **Type:** France.

吉林（JL）、北京（BJ）、湖北（HB）；法国。

Adler et al. 1996。

穗毛菌属

Stachylina L. Léger & M. Gauthier, C. R. Hebd. Séanc. Acad. Sci., Paris 194: 2262. 1932.

重尾穗毛菌 ［新拟］

Stachylina gravicaudata Siri, M.M. White & Lichtw., Mycologia 98 (2): 343. 2006. **Type:** United States (Tennessee).

陕西（SN）；美国。

Strongman et al. 2010。

矮小穗毛菌 ［新拟］

Stachylina nana Lichtw., Mycotaxon 19: 547. 1984. **Type:** France.

台湾（TW）；日本、法国。

Ko & Wang 2006。

具柄穗毛菌 ［新拟］

Stachylina pedifer M.C. Williams & Lichtw., Mycologia 75 (4): 729. 1983. **Type:** United States (Montana).

台湾（TW）；挪威、美国。

Ko & Wang 2006。

深部穗毛菌 ［新拟］

Stachylina penetralis Lichtw., Mycotaxon 19: 544. 1984. **Type:** Japan (Honshu).

陕西（SN）；日本。

Strongman et al. 2010。

侧孢毛菌科 Legeriomycetaceae Pouzar

尾毛菌属

Caudomyces Lichtw., Kobayasi & Indoh, Trans. Mycol. Soc. Japan 28 (4): 376. 1988.

日本尾毛菌 ［新拟］

Caudomyces japonicus Lichtw., Kobayasi & Indoh, Trans. Mycol. Soc. Japan 28 (4): 376. 1988 [1987]. **Type:** Japan (Honshu).
中国（具体地点不详）；日本。

Strongman et al. 2010。

高蒂尔毛菌属

Gauthieromyces Lichtw., Mycotaxon 17: 213. 1983.

印度高蒂尔毛菌 ［新拟］

Gauthieromyces indicus J.K. Misra & V.K. Tiwari, Mycologia 100 (1): 94. 2008. **Type:** India (Uttaranchal).
中国（具体地点不详）；印度。

Strongman et al. 2010。

扭柄毛菌属

Glotzia M. Gauthier ex Manier & Lichtw., Annls Sci. Nat. 9: 528. 1969.

蜉蝣扭柄毛菌 ［新拟］

Glotzia ephemeridarum Lichtw., Mycologia 64 (1): 186. 1972. **Type:** United States (Utah).
中国（具体地点不详）；美国。

Strongman et al. 2010。

侧孢毛菌属

Legeriomyces Pouzar, Folia Geobot. Phytotax. 7: 319. 1972.

大侧孢毛菌

Legeriomyces grandis J. Wang, Strongman & S.Q. Xu, Mycologia 102 (1): 175. 2010. **Type:** China (Shaanxi).
陕西（SN）。

Strongman et al. 2010。

分枝侧孢毛菌 ［新拟］

Legeriomyces ramosus (L. Léger & M. Gauthier) Pouzar, Folia Geobot. Phytotax. 7: 319. 1972.
陕西（SN）。

Strongman et al. 2010。

类侧孢毛菌属

Legeriosimilis M.C. Williams, Lichtw., M.M. White & J.K. Misra, Mycologia 91 (2): 400. 1999.

雅致类侧孢毛菌 ［新拟］

Legeriosimilis elegans Strongman, J. Wang & S.Q. Xu, Mycologia 102 (1): 176. 2010. **Type:** China (Shaanxi).

陕西（SN）。

Strongman et al. 2010。

领毛菌属

Smittium R.A. Poiss., Bull. Soc. Sci. Bretagne 14: 30. 1937.

秦岭领毛菌 ［新拟］

Smittium chinliense Strongman & S.Q. Xu, Mycologia 98 (3): 485. 2006. **Type:** China (Shaanxi).
陕西（SN）。

Strongman & Xu 2006。

库蚊领毛菌 ［新拟］

Smittium culicis Tuzet & Manier ex Kobayasi, Bull. Natn. Sci. Mus., Tokyo 12: 322. 1969.
陕西（SN）。

Strongman et al. 2010。

细长领毛菌 ［新拟］

Smittium naiadis Strongman & S.Q. Xu, Mycologia 98 (3): 480. 2006. **Type:** China (Shaanxi).
陕西（SN）。

Strongman & Xu 2006。

固结领毛菌 ［新拟］

Smittium nodifixum Strongman & S.Q. Xu, Mycologia 98 (3): 484. 2006. **Type:** China (Shaanxi).
陕西（SN）。

Strongman & Xu 2006。

岩栖领毛菌 ［新拟］

Smittium rupestre Lichtw., Can. J. Bot. 68 (5): 1062. 1990. **Type:** Australia (New South Wales).
新疆（XJ）；澳大利亚。

Wang et al. 2010。

陕西领毛菌 ［新拟］

Smittium shaanxiense J. Wang, Strongman & S.Q. Xu, Mycologia 102 (1): 179. 2010. **Type:** China (Shaanxi).
陕西（SN）。

Strongman et al. 2010。

梳霉目 Kickxellales Kreisel ex R.K. Benj.

梳霉科 Kickxellaceae Linder

下梳霉属

Coemansia Tiegh. & G. Le Monn., Annls Sci. Nat. 17: 392. 1873.

针状下梳霉

Coemansia aciculifera Linder, Farlowia 1: 65. 1943. **Type:** United States (Maine).

台湾（TW）；日本、立陶宛、英国、美国。

Ho & Hsu 2005。

直立下梳霉

Coemansia erecta Bainier, Bull. Soc. Mycol. Fr. 22: 220. 1906.

台湾（TW）。

简秋源 2004。

叉状下梳霉 ［新拟］

Coemansia furcata Kurihara, Tokum. & C.Y. Chien, Mycoscience 41 (6): 579. 2000. **Type:** China (Taiwan).

台湾（TW）。

Kurihara et al. 2000。

间断下梳霉

Coemansia interrupta Linder, Farlowia 1: 62. 1943.

台湾（TW）；日本、立陶宛、英国。

简秋源 2004；Ho & Hsu 2005。

齿状下梳霉 ［新拟］

Coemansia pectinata (Coem.) Bainier, Bull. Soc. Mycol. Fr. 22: 216. 1906.

台湾（TW）。

Chuang & Ho 2011。

球梳霉属

Linderina Raper & Fennell, Am. J. Bot. 39: 81. 1952.

大孢球梳霉

Linderina macrospora Y. Chang, Trans. Br. Mycol. Soc. 50 (2): 312. 1967. **Type:** China (Hong Kong).

香港（HK）。

Chang 1967。

翼孢球梳霉

Linderina pennispora Raper & Fennell, Am. J. Bot. 39: 83. 1952. **Type:** Liberia.

台湾（TW）；利比里亚。

Ho et al. 2007。

烛台梳霉属

Ramicandelaber Y. Ogawa, S. Hayashi, Degawa & Yaguchi, Mycoscience 42 (2): 193. 2001.

短孢烛台梳霉

Ramicandelaber brevisporus Kurihara, Degawa & Tokum., Mycol. Res. 108 (10): 1145. 2004. **Type:** Japan (Honshu).

台湾（TW）；日本。

Chuang & Ho 2009。

豆孢烛台梳霉 ［新拟］

Ramicandelaber fabisporus S.C. Chuang, H.M. Ho & Benny, Mycologia 105 (2): 329. 2013. **Type:** China (Taiwan).

台湾（TW）。

Ho & Benny 2007。

台湾烛台梳霉 ［新拟］

Ramicandelaber taiwanensis S.C. Chuang, H.M. Ho & Benny, Mycologia 105 (2): 329. 2013. **Type:** China (Taiwan).

台湾（TW）。

Ho & Benny 2007。

被孢霉目 Mortierellales Caval.-Sm.

被孢霉科 Mortierellaceae A. Fisch.

刺垣孢霉属

Echinochlamydosporium X.Z. Jiang, X.Y. Liu & Xing Z. Liu, Fungal Diversity 46 (1): 46. 2011.

多变刺垣孢霉 ［新拟］

Echinochlamydosporium variabile X.Z. Jiang, H.Y. Yu, M.C. Xiang, X.Y. Liu & Xing Z. Liu, Fungal Diversity 46 (1): 46. 2011. **Type:** China (Liaoning).

辽宁（LN）。

Jiang et al. 2011。

单囊霉属

Haplosporangium Thaxt., Bot. Gaz. 58: 362. 1914.

极尖单囊霉 ［新拟］

Haplosporangium attenuatissimum F.J. Chen, Mycosystema 5: 19. 1992. **Type:** China (Fujian).

福建（FJ）。

Chen 1992a。

被孢霉属

Mortierella Coem., Bull. Acad. R. Sci. Belg. 15: 288, 536. 1863.

高山被孢霉

Mortierella alpina Peyronel, I Germi Astmosferici Dei Fungi Con Micelio, Diss. (Padova) p 17. 1913. **Type:** Italy.

吉林（JL）、河北（HEB）、北京（BJ）、山东（SD）、河南（HEN）、陕西（SN）、宁夏（NX）、新疆（XJ）、浙江（ZJ）、江西（JX）、湖北（HB）、四川（SC）、西藏（XZ）、福建（FJ）；意大利。

Chen 1992b；张俊忠等 2012。

双孢被孢霉 ［新拟］

Mortierella bisporalis (Thaxt.) Björl., Bot. Notiser p 126. 1936.

Haplosporangium decipiens Thaxt., Bot. Gaz. 58: 364. 1914.

内蒙古（NM）。

Chen 1992a。

长孢被孢霉

Mortierella elongata Linnem., Mucor.-Gatt. Mortierella Coem. 23: 21. 1941. **Type:** Germany.

吉林（JL）、内蒙古（NM）、浙江（ZJ）、江西（JX）、湖北（HB）、福建（FJ）、台湾（TW）；德国。

Chen 1992b。

微小被孢霉［新拟］

Mortierella exigua Linnem., Mucor.-Gatt. Mortierella Coem. 23: 44. 1941. **Type:** Germany.

Mortierella indica B.S. Mehrotra, Indian Phytopath. 13: 68. 1960.

江苏（JS）、浙江（ZJ）、湖北（HB）；印度、德国。

Chen 1992b。

顶毛被孢霉

Mortierella fimbriata S.H. Ou, Sinensia, Shanghai 1: 442. 1940. **Type:** China (Sichuan).

四川（SC）、重庆（CQ）。

Ou 1940。

盖姆斯被孢霉

Mortierella gamsii Milko, Opred. Mukor. Gribov (Kiev) p 76. 1974.

云南（YN）。

胡以仁 1986。

产芽孢被孢霉

Mortierella gemmifera M. Ellis, Trans. Br. Mycol. Soc. 24 (1): 95. 1940. **Type:** Great Britain.

湖北（HB）；英国。

Chen 1992b。

球孢高山被孢霉［新拟］

Mortierella globalpina W. Gams & Veenb.-Rijks, Persoonia 9 (1): 113. 1976. **Type:** Netherlands.

新疆（XJ）、福建（FJ）；荷兰。

Chen 1992b。

园圃被孢霉

Mortierella horticola Linnem., Mucor.-Gatt. Mortierella Coem. 23: 21. 1941. **Type:** Germany.

湖北（HB）；德国。

Chen 1992b。

无色被孢霉

Mortierella hyalina (Harz) W. Gams, Nova Hedwigia 18 (1): 13. 1970 [1969].

Mortierella hyalina var. *subtilissima* F.J. Chen, Mycosystema 5: 38. 1992.

内蒙古（NM）、浙江（ZJ）。

Chen 1992b。

英杜被孢霉

Mortierella indohii C.Y. Chien, Mycologia 66 (1): 115. 1974. **Type:** United States (Georgia).

青海（QH）、浙江（ZJ）、湖北（HB）、四川（SC）；美国。

Chen 1992b。

詹金被孢霉

Mortierella jenkinii (A.L. Sm.) Naumov, Opred. Mukor., Edn 2: 97. 1935.

内蒙古（NM）。

Chen 1992b。

小被孢霉

Mortierella minutissima Tiegh., Annls Sci. Nat., Bot., sér. 6 4 (4): 385. 1878 [1876].

Mortierella minutissima var. *minutissima* Tiegh., Annls Sci. Nat., Bot., sér. 6 4 (4): 385. 1878 [1876].

Mortierella minutissima var. *dubia* Linnem., Mucor.-Gatt. Mortierella Coem. 23: 39. 1941.

浙江（ZJ）、湖北（HB）、福建（FJ）、广东（GD）；德国。

Chen 1992b。

易变被孢霉

Mortierella mutabilis Linnem., Mucor.-Gatt. Mortierella Coem. p 51. 1941. **Type:** Germany.

江西（JX）、福建（FJ）；德国。

Chen 1992b。

微孢被孢霉

Mortierella parvispora Linnem., Mucor.-Gatt. Mortierella Coem. p 53. 1941. **Type:** Germany.

湖北（HB）；德国。

Chen 1992b。

多头被孢霉

Mortierella polycephala Coem., Bull. Soc. R. Bot. Belg., sér. 2 16: 536. 1863. **Type:** Belgium.

河北（HEB）、天津（TJ）、山东（SD）、宁夏（NX）；比利时。

Chen 1992b；Zhuang 2005；王宽仓等 2009。

网孢被孢霉

Mortierella reticulata Tiegh. & G. Le Monn., Annls Sci. Nat., Bot., sér. 5 17: 350. 1873.

天津（TJ）。

Chen 1992b。

多疣被孢霉

Mortierella verrucosa Linnem., Zentbl. Bakt. ParasitKde. Abt. II 107: 227. 1953. **Type:** Germany.

江苏（JS）、浙江（ZJ）、湖北（HB）；德国。

Chen 1992b。

轮生被孢霉

Mortierella verticillata Linnem., Mucor.-Gatt. Mortierella Coem. p 22. 1941. **Type:** Germany.

湖北（HB）、福建（FJ）；德国。

Chen 1992b。

武夷山被孢霉

Mortierella wuyishanensis F.J. Chen, Mycosystema 5: 57. 1992. **Type:** China (Fujian).

福建（FJ）。

Chen 1992b。

齐夏被孢霉

Mortierella zychae Linnem., Mucor.-Gatt. Mortierella Coem. 23: 46. 1941. **Type:** Germany.

湖北（HB）、福建（FJ）、台湾（TW）；德国。

Chen 1992b。

毛霉目 Mucorales Fr.

巴克斯霉科 Backusellaceae K. Voigt & P.M. Kirk

巴克斯霉属

Backusella Hesselt. & J.J. Ellis, Mycologia 61: 863. 1969.

巴克斯霉

Backusella circina J.J. Ellis & Hesselt., Mycologia 61: 865. 1969. **Type:** United States (Florida).

台湾（TW）；印度、日本、美国。

Ho 2000；郑儒永等 2013。

闪孢巴克斯霉［新拟］

Backusella lamprospora (Lendn.) Benny & R.K. Benj., Aliso 8 (3): 320. 1975.

Mucor lamprosporus Lendn., Bull. Herb. Boissier, sér. 2 8: 78. 1907 [1908].

Mucor dispersus Hagem, Annls Mycol. 8 (3): 271. 1910.

江西（JX）、台湾（TW）。

Yang & Liu 1972；Ho et al. 1974；闵嗣璠 2003。

笄霉科 Choanephoraceae J. Schröt.

布拉霉属

Blakeslea Thaxt., Bot. Gaz. 58: 353. 1914.

单孢布拉霉［新拟］

Blakeslea monospora B.S. Mehrotra & Baijal, J. Elisha Mitchell Scient. Soc. 84: 207. 1968. **Type:** India (Madhya Pradesh).

台湾（TW）；印度。

Ho & Chang 2003。

三孢布拉霉

Blakeslea trispora Thaxt., Bot. Gaz. 58: 353. 1914.

Choanephora trispora (Thaxt.) S. Sinha, Proc. Indian Acad. Sci., Pl. Sci. 11: 174. 1940.

Blakeslea sinensis R.Y. Zheng & G.Q. Chen, Acta Mycol. Sin., Suppl. 1: 45. 1987 [1986].

江苏（JS）、上海（SH）、浙江（ZJ）、福建（FJ）、台湾（TW）、海南（HI）；印度、尼日利亚、巴拿马、美国。

郑儒永和胡复眉 1964；Zheng & Chen 1986；Ho & Chang 2003。

笄霉属

Choanephora Curr., J. Linn. Soc. 13: 578. 1873.

瓜笄霉

Choanephora cucurbitarum (Berk. & Ravenel) Thaxt., Rhodora 5: 99. 1903.

Choanephora mandshurica (Saito & H. Nagan.) F.L. Tai, Sinensia, Shanghai 4: 219. 1934.

北京（BJ）、山西（SX）、陕西（SN）、宁夏（NX）、安徽（AH）、四川（SC）、重庆（CQ）、贵州（GZ）、福建（FJ）、广东（GD）、广西（GX）、海南（HI）；印度、印度尼西亚、日本、缅甸、法国、加纳、墨西哥、美国、巴西。

郑儒永和胡复眉 1964；孙树权等 1988；Zhuang 2005；王宽仓等 2009。

漏斗笄霉

Choanephora infundibulifera (Curr.) D.D. Cunn., Syll. Fung. (Abellini) 9: 339. 1891.

Choanephora conjuncta Couch, J. Elisha Mitchell Scient. Soc. 41: 143. 1925.

北京（BJ）、广东（GD）、广西（GX）、海南（HI）；印度、日本、美国。

郑儒永和胡复眉 1964。

吉尔霉属

Gilbertella Hesselt., Bull. Torrey Bot. Club 87: 24. 1960.

桃吉尔霉

Gilbertella persicaria (E.D. Eddy) Hesselt., Bull. Torrey Bot. Club 87: 24. 1960.

Gilbertella hainanensis J.Y. Cheng & F.M. Hu, Acta Phytotax. Sin. 10: 106. 1965.

上海（SH）、广东（GD）、海南（HI）；巴拿马、美国、巴西。

郑儒永和胡复眉 1964，1965。

泼氏霉属

Poitrasia P.M. Kirk, Mycol. Pap. 152: 51. 1984.

曲卷泼氏霉［新拟］

Poitrasia circinans (H. Nagan. & N. Kawak.) P.M. Kirk, Mycol. Pap. 152: 52. 1984.

Choanephora circinans (H. Nagan. & N. Kawak.) Hesselt. & C.R. Benj., Mycologia 49: 724. 1957.

北京（BJ）、四川（SC）、重庆（CQ）、福建（FJ）、广东（GD）、广西（GX）、海南（HI）；日本、巴拿马、美国。

郑儒永和胡复眉　1964。

小克银汉霉科 Cunninghamellaceae Naumov ex R.K. Benj.

犁头霉属

Absidia Tiegh., Annls Sci. Nat. 4 (4): 350. 1878.

柱孢犁头霉

Absidia cylindrospora Hagem, Skr. VidenskSelsk. Christiania, Kl. I, Math.-Natur. no. 7: 45. 1908.

台湾（TW）。

Ho et al. 2004；Hsu & Ho 2010。

灰绿犁头霉

Absidia glauca Hagem, Skr. VidenskSelsk. Christiania, Kl. I, Math.-Natur. no. 7: 43. 1908.

陕西（SN）、云南（YN）、台湾（TW）。

王家和等　2000；Ho et al. 2004；Zhuang 2005；覃拥灵等 2007。

异孢犁头霉

Absidia heterospora Y. Ling, Rev. Gén. Bot. 42: 739. 1930.

台湾（TW）。

Hsu & Ho 2010。

爱达荷犁头霉

Absidia idahoensis Hesselt., M.K. Mahoney & S.W. Peterson, Mycologia 82 (4): 523. 1990. **Type:** United States (Idaho).

Absidia idahoensis var. *thermophila* G.Q. Chen & R.Y. Zheng, Mycotaxon 69: 174. 1998.

云南（YN）；美国。

Chen & Zheng 1998；赵春青和李多川　2007。

假柱孢犁头霉

Absidia pseudocylindrospora Hesselt. & J.J. Ellis, Mycologia 53 (4): 406. 1962 [1961]. **Type:** East Africa.

台湾（TW）；东非。

Hsu & Ho 2010。

葡匐犁头霉

Absidia repens Tiegh., Annls Sci. Nat., Bot., sér. 6 4 (4): 363. 1878 [1876].

云南（YN）。

王家和等　2000。

刺柄犁头霉

Absidia spinosa Lendn., Bull. Herb. Boissier, sér. 2 7: 250. 1907.

台湾（TW）。

Ho et al. 2004。

小克银汉霉属

Cunninghamella Matr., Annls Mycol. 1 (1): 46. 1903.

短刺小克银汉霉

Cunninghamella blakesleeana Lendn., Bull. Soc. Bot. Genève, sér. 2 19: 234. 1927.

福建（FJ）、台湾（TW）。

Zheng & Chen 2001；Liu et al. 2005。

棒状小克银汉霉　［新拟］

Cunninghamella clavata R.Y. Zheng & G.Q. Chen, Mycotaxon 69: 189. 1998. **Type:** China (Guizhou).

贵州（GZ）、云南（YN）。

Zheng & Chen 1998a，2001。

刺孢小克银汉霉

Cunninghamella echinulata (Thaxt.) Thaxt. ex Blakeslee, Bot. Gaz. 40: 161. 1905.

Cunninghamella bainieri Naumov, Opred. Mukor., Edn 2: 108. 1935.

Cunninghamella echinata Pišpek, Acta Bot. Inst. Bot., Zagreb 4: 100. 1929.

Cunninghamella echinulata var. *verticillata* (F.S. Paine) R.Y. Zheng & G.Q. Chen, Mycosystema 8-9: 7. 1996 [1995-1996].

Cunninghamella echinulata var. *echinulata* (Thaxt.) Thaxt. ex Blakeslee, Bot. Gaz. 40: 161. 1905.

辽宁（LN）、河北（HEB）、北京（BJ）、陕西（SN）、甘肃（GS）、青海（QH）、新疆（XJ）、安徽（AH）、江苏（JS）、上海（SH）、浙江（ZJ）、江西（JX）、湖北（HB）、四川（SC）、贵州（GZ）、云南（YN）、福建（FJ）、广东（GD）、广西（GX）。

王家和等　2000；Zheng & Chen 2001；梁晨和吕国忠　2002；Zhuang 2005。

雅致小克银汉霉

Cunninghamella elegans Lendn., Bull. Herb. Boissier, sér. 2 7: 250. 1907.

Cunninghamella bertholletiae Stadel, Über Neuen Pilz, Cunn. Bertholletiae, (Diss., Kiel) p 1-35. 1911.

河北（HEB）、北京（BJ）、陕西（SN）、宁夏（NX）、青海（QH）、江苏（JS）、上海（SH）、浙江（ZJ）、湖北（HB）、四川（SC）、重庆（CQ）、贵州（GZ）、云南（YN）、西藏（XZ）、福建（FJ）、台湾（TW）、广西（GX）、海南（HI）、香港（HK）。

Yang & Liu 1972；Ho et al. 1974；Zheng & Chen 2001；Zhuang 2005；Liu et al. 2005；肖顺等　2008；王宽仓等　2009。

多轮小克银汉霉　［新拟］

Cunninghamella multiverticillata R.Y. Zheng & G.Q. Chen, Mycotaxon 80: 50. 2001. **Type:** China (Hubei).

湖北（HB）。

Zheng & Chen 2001。

暗孢小克银汉霉［新拟］

Cunninghamella phaeospora Boedijn, Sydowia 12 (1-6): 348. 1959 [1958]. **Type:** Indonesia (Jawa).

Cunninghamella phaeospora var. *multiverticillata* R.Y. Zheng & G.Q. Chen, Mycosystema 7: 1. 1995 [1994].

湖北（HB）、贵州（GZ）、云南（YN）、香港（HK）；印度尼西亚。

Zheng & Chen 1994，2001。

多形小克银汉霉［新拟］

Cunninghamella polymorpha Pišpek, Acta Bot. Inst. Bot., Zagreb 4: 103. 1929.

河北（HEB）、北京（BJ）、湖北（HB）、福建（FJ）。

Zheng & Chen 1992。

球托霉属

Gongronella Ribaldi, Riv. Biol. 44: 164. 1952.

卵形孢球托霉

Gongronella butleri (Lendn.) Peyronel & Dal Vesco, Allionia 2: 370. 1955.

台湾（TW）。

Ho & Chen 1990。

横梗霉科 Lichtheimiaceae Kerst. Hoffm., Walther & K. Voigt

横梗霉属

Lichtheimia Vuill., Bull. Soc. Mycol. Fr. 19: 126. 1903.

伞房横梗霉

Lichtheimia corymbifera (Cohn) Vuill., Bull. Soc. Mycol. Fr. 19: 126. 1903.

Absidia corymbifera (Cohn) Sacc. & Trotter, in Saccardo, Syll. Fung. (Abellini) 21: 825. 1912.

北京（BJ）、陕西（SN）、宁夏（NX）、台湾（TW）。

Tseng & Chen 1981；图布丹扎布等 1997；Hsu & Agoramoorthy 2001；Zhuang 2005；王宽仓等 2009；秦臻等 2011；Zhao et al. 2011；Yang et al. 2012。

透孢横梗霉［新拟］

Lichtheimia hyalospora (Saito) Kerst. Hoffm., Walther & K. Voigt, Mycol. Res. 113 (3): 278. 2009.

Absidia hyalospora (Saito) Lendn., Mat. Fl. Crypt. Suisse 3 (1): 142. 1908.

台湾（TW）。

Tseng & Chen 1981；Yang et al. 2012。

具饰横梗霉［新拟］

Lichtheimia ornata (A.K. Sarbhoy) Alastr.-Izq. & Walther, J.

Clin. Microbiol. 48 (6): 2164. 2010.

台湾（TW）。

Yang et al. 2012。

总状横梗霉

Lichtheimia ramosa (Zopf) Vuill., Bull. Soc. Mycol. Fr. 19: 126. 1903.

Absidia ramosa (Zopf) Lendn., Mat. Fl. Crypt. Suisse 3 (1): 144. 1908.

陕西（SN）、宁夏（NX）、台湾（TW）。

Zhuang 2005；王宽仓等 2009；Yang et al. 2012。

根毛霉属

Rhizomucor Lucet & Costantin, Rev. Gén. Bot. 12: 88. 1900.

垣孢根毛霉［新拟］

Rhizomucor chlamydosporus R.Y. Zheng, X.Y. Liu & R.Y. Li, Sydowia 61 (1): 142. 2009. **Type:** China (Hubei).

湖北（HB）。

曹育春等 2007；Zheng et al. 2009。

米黑根毛霉

Rhizomucor miehei (Cooney & R. Emers.) Schipper, Stud. Mycol. 17: 58. 1978.

山东（SD）、陕西（SN）、云南（YN）、台湾（TW）；日本、英国、美国。

Chen & Chen 1990；王冬梅等 2004；赵春青和李多川 2007。

微小根毛霉

Rhizomucor pusillus (Lindt) Schipper, Stud. Mycol. 17: 54. 1978.

Mucor pusillus Lindt, Arch. Exp. Path. Pharmak. 21: 272. 1886.

Rhizomucor pusillus var. *pusillus* (Lindt) Schipper, Stud. Mycol. 17: 54. 1978.

北京（BJ）、陕西（SN）、新疆（XJ）、浙江（ZJ）、台湾（TW）。

徐天惠和刘强 1987；陈世平等 1990；Hsu & Agoramoorthy 2001；陈俏彪等 2006；赵春青和李多川 2007；Zheng et al. 2009；Zhao et al. 2011。

规则根毛霉［新拟］

Rhizomucor regularior (R.Y. Zheng & G.Q. Chen) R.Y. Zheng, X.Y. Liu & R.Y. Li, Sydowia 61 (1): 144. 2009.

Rhizomucor variabilis var. *regularior* R.Y. Zheng & G.Q. Chen, Mycosystema 6: 2. 1993.

河北（HEB）、山东（SD）、湖北（HB）、四川（SC）。

Zheng & Chen 1993；李春阳等 2006；Zheng et al. 2009。

毛霉科 Mucoraceae Dumort.

放射毛霉属

Actinomucor Schostak., Ber. Dt. Bot. Ges. 16: 155. 1898.

雅致放射毛霉

Actinomucor elegans (Eidam) C.R. Benj. & Hesselt., Mycologia 49: 241. 1957.

Actinomucor elegans var. *elegans* (Eidam) C.R. Benj. & Hesselt., Mycologia 49: 241. 1957.

Actinomucor elegans var. *meitauza* (Y.K. Shih) R.Y. Zheng & X.Y. Liu, Nova Hedwigia 80 (3-4): 428. 2005.

吉林（JL）、辽宁（LN）、内蒙古（NM）、河北（HEB）、天津（TJ）、北京（BJ）、山西（SX）、山东（SD）、陕西（SN）、宁夏（NX）、甘肃（GS）、青海（QH）、新疆（XJ）、安徽（AH）、江苏（JS）、湖北（HB）、四川（SC）、云南（YN）、西藏（XZ）、福建（FJ）、台湾（TW）、广东（GD）、广西（GX）、香港（HK）。

Zhuang 2005；Zheng & Liu 2005；程昌泽等 2008；王宽仓等 2009；鞠秀云等 2009；史琳娜等 2010。

丝枝霉属

Chaetocladium Fresen., Beitr. Mykol. 3: 97. 1863.

布雷丝枝霉 ［新拟］

Chaetocladium brefeldii Tiegh. & G. Le Monn., Annls Sci. Nat., Bot., sér. 5 17: 342. 1873.

台湾（TW）。

Ho et al. 2008。

毛霉属

Mucor Fresen., Beitr. Mykol. 1: 7. 1850.

多量毛霉

Mucor abundans Povah, Bull. Torrey Bot. Club 44: 290. 1917.

台湾（TW）。

Yang & Liu 1972。

外来毛霉

Mucor adventitius Oudem., Ned. Kruidk. Archf, sér. 3 2 (3): 719. 1902.

陕西（SN）、甘肃（GS）、青海（QH）、新疆（XJ）、台湾（TW）。

Liu & Yang 1973；Ho et al. 1974；Zhuang 2005。

卷枝毛霉

Mucor circinelloides Tiegh., Annls Sci. Nat., Bot., sér. 6 1: 94. 1875.

Mucor circinelloides f. *circinelloides* Tiegh., Annls Sci. Nat., Bot., sér. 6 1: 94. 1875.

Mucor javanicus Wehmer, Centbl. Bakt. ParasitKde, Abt. I 6: 610. 1900.

Mucor janssenii Lendn., Bull. Herb. Boissier, sér. 2 7: 251. 1907.

河北（HEB）、陕西（SN）、宁夏（NX）、甘肃（GS）、青海（QH）、新疆（XJ）、台湾（TW）。

Yang & Liu 1972；Liu & Yang 1973；Ho et al. 1974；吴文平

和张志铭 1990；Zhuang 2005；王宽仓等 2009；廖永红等 2010。

皮生毛霉

Mucor corticola Hagem, Annls Mycol. 8 (3): 277. 1910.

宁夏（NX）、甘肃（GS）、青海（QH）、新疆（XJ）、台湾（TW）。

Liu & Yang 1973；Ho et al. 1974；Zhuang 2005。

硬毛霉 ［新拟］

Mucor durus Walther & de Hoog, Persoonia 30: 43. 2013.

Circinella rigida G. Sm., Trans. Br. Mycol. Soc. 34 (1): 19. 1951.

台湾（TW）；英国。

Yang & Liu 1972。

内生毛霉 ［新拟］

Mucor endophyticus (R.Y. Zheng & H. Jiang) Pawłowska & Walther, Persoonia 30: 45. 2013.

Rhizomucor endophyticus R.Y. Zheng & H. Jiang, Mycotaxon 56: 456. 1995.

河北（HEB）、北京（BJ）。

Zheng & Hong 1995；Zheng et al. 2009。

镰毛霉

Mucor falcatus Schipper, Antonie van Leeuwenhoek 33: 195. 1967. **Type:** Germany.

台湾（TW）；德国。

Liu & Yang 1973。

草生毛霉

Mucor foenicola Naumov, Opred. Mukor., Edn 2: 34. 1935.

陕西（SN）。

Zhuang 2005。

日内瓦毛霉

Mucor genevensis Lendn., Bull. Herb. Boissier, sér. 2 8: 80. 1907 [1908].

辽宁（LN）、陕西（SN）、青海（QH）、台湾（TW）。

Ho et al. 1974；Zhuang 2005；陈曦等 2010。

巨孢毛霉 ［新拟］

Mucor gigasporus G.Q. Chen & R.Y. Zheng, Acta Mycol. Sin., Suppl. 1: 56. 1987 [1986]. **Type:** China (Shandong).

山东（SD）。

陈桂清和郑儒永 1986。

异形毛霉 ［新拟］

Mucor heterogamus Vuill., Bull. Séanc. Soc. Sci. Nancy, Sér. 2 8: 50. 1887 [1886].

Zygorhynchus heterogamus (Vuill.) Vuill., Bull. Soc. Mycol. Fr. 19: 117. 1903.

云南（YN）。

王家和等 2000。

异孢毛霉

Mucor heterosporus A. Fisch., Rabenh. Krypt.-Fl., Edn 2 (Leipzig) 1 (4): 199. 1892.

台湾（TW）。

Ho et al. 1974。

冻土毛霉

Mucor hiemalis Wehmer, Annls Mycol. 1 (1): 39. 1903.

辽宁（LN）、陕西（SN）、甘肃（GS）、青海（QH）、新疆（XJ）、湖南（HN）、台湾（TW）。

Yang & Liu 1972；裴克全 2000a；梁晨和吕国忠 2002；Zhuang 2005。

印度毛霉［新拟］

Mucor indicus Lendn., Bull. Soc. Bot. Genève, sér. 2 21: 258. 1930 [1929].

台湾（TW）。

Chen et al. 2007。

不均匀毛霉［新拟］

Mucor irregularis Stchigel, Cano, Guarro & E. Álvarez, Medical Mycol. 49 (1): 71. 2011.

Rhizomucor variabilis R.Y. Zheng & G.Q. Chen, Mycosystema 4: 47. 1991.

山东（SD）、江苏（JS）、四川（SC）。

Zheng et al. 2009；覃巍等 2010；周村建等 2011；齐蓓等 2012。

劳地毛霉

Mucor lausannensis Lendn., Bull. Herb. Boissier, sér. 2 8: 79. 1907 [1908].

甘肃（GS）、青海（QH）。

Zhuang 2005。

纯黄毛霉［新拟］

Mucor luteus Linnem., Flora, Regensburg 130: 195. 1936.

Mucor hiemalis f. *luteus* Linnem. ex Schipper, Stud. Mycol. 4: 33. 1973.

中国（具体地点不详）。

王俊杰等 1998；王俊杰和廖元兴 1999。

卵孢毛霉［新拟］

Mucor moelleri (Vuill.) Lendn., Mat. Fl. Crypt. Suisse 3 (1): 72. 1908.

Zygorhynchus moelleri Vuill., Bull. Soc. Mycol. Fr. 19: 117. 1903.

云南（YN）、台湾（TW）。

Ho et al. 1974；王家和等 2000。

小孢毛霉

Mucor parvisporus Kanouse, Pap. Mich. Acad. Sci. 3: 129. 1924 [1923].

宁夏（NX）、青海（QH）。

Zhuang 2005；王宽仓等 2009。

梨形毛霉

Mucor piriformis A. Fisch., Rabenh. Krypt.-Fl., Edn 2 (Leipzig) 1 (4): 191. 1892.

Mucor wosnessenskii Schostak., Ber. Dt. Bot. Ges. 16: 91. 1898.

陕西（SN）、台湾（TW）。

Liu & Yang 1973；Ho et al. 1974；Zhuang 2005。

密丛毛霉

Mucor plumbeus Bonord., Abh. Naturforsch. Ges. Halle 8: 109. 1864.

Mucor spinosus Tiegh., Annls Sci. Nat., Bot., sér. 6 4 (4): 391. 1878 [1876].

浙江（ZJ）、云南（YN）。

徐天惠和刘强 1987；王家和等 2000；陈俏彪等 2006；廖永红等 2010。

总状毛霉

Mucor racemosus Bull., Hist. Champ. Fr. (Paris) 1: 104, tab. 504, fig. Ⅶ. 1791.

Mucor racemosus f. *chibinensis* (Neophyt.) Schipper, Stud. Mycol. 12: 24. 1976.

黑龙江（HL）。

裴克全 2000a；王俊杰等 2007。

变孢毛霉

Mucor variosporus Schipper, Stud. Mycol. 17: 11. 1978.

中国（具体地点不详）。

裴克全 2000b。

倚囊霉属

Pilaira Tiegh., Annls Sci. Nat. 1 (1): 51. 1875.

倚囊霉

Pilaira anomala (Ces.) J. Schröt., Krypt.-Fl. Schlesien (Breslau) 3.1 (9-16): 211. 1886 [1889].

青海（QH）。

Zheng & Liu 2009。

高加索倚囊霉［新拟］

Pilaira caucasica Milko, Mikol. Fitopatol. 4 (3): 263. 1970. **Type:** Armenia.

Pilaira moreaui var. *caucasica* (Milko) R.Y. Zheng & X.Y. Liu, Nova Hedwigia 88 (1-2): 260. 2009.

内蒙古（NM）、青海（QH）、新疆（XJ）；亚美尼亚。

Zheng & Liu 2009。

宽梗倚囊霉［新拟］

Pilaira praeampla R.Y. Zheng & X.Y. Liu, Nova Hedwigia 88 (1-2): 261. 2009. **Type:** China (Jiangxi).

江西（JX）。

Zheng & Liu 2009。

亚棱倚囊霉 ［新拟］

Pilaira subangularis R.Y. Zheng & X.Y. Liu, Nova Hedwigia 88 (1-2): 262. 2009. **Type:** China (Qinghai).

青海（QH）。

Zheng & Liu 2009。

旋枝霉属

Pirella Bainier, Étud. Mucor., (Thèse, Paris) (Paris) p 83. 1882.

旋枝霉

Pirella circinans Bainier, Étud. Mucor., (Thèse, Paris) (Paris) p 83. 1882.

内蒙古（NM）。

刘小勇　2004。

枝霉属

Thamnidium Link, Mag. Gesell. Naturf. Freunde, Berlin 3 (1-2): 31. 1809.

枝霉

Thamnidium elegans Link, Mag. Gesell. Naturf. Freunde, Berlin 3 (1-2): 31. 1809.

陕西（SN）、宁夏（NX）、台湾（TW）。

刘波和刘茵华 1986；Ho 2002a；Zhuang 2005；王宽仓等 2009。

须霉科　Phycomycetaceae Arx

须霉属

Phycomyces Kunze, Mykologische Hefte (Leipzig) 2: 113. 1823.

闪光须霉

Phycomyces nitens (C. Agardh) Kunze, Mykologische Hefte (Leipzig) 2: 113. 1823.

台湾（TW）。

Liu & Yang 1973。

伞菌霉属

Spinellus Tiegh., Annls Sci. Nat. 1: 66. 1875.

纺锤孢伞菌霉

Spinellus fusiger (Link) Tiegh., Annls Sci. Nat., Bot., sér. 6 1: 66. 1875.

吉林（JL）。

马晶和图力古尔　2008。

水玉霉科　Pilobolaceae Corda

水玉霉属

Pilobolus Tode, Schr. Ges. Naturf. Freunde, Berlin 5: 46. 1784.

克莱因水玉霉

Pilobolus kleinii Tiegh., Annls Sci. Nat., Bot., sér. 6 4 (4): 337. 1878 [1876].

陕西（SN）、台湾（TW）。

Yang & Liu 1972；Zhuang 2005。

长柄水玉霉

Pilobolus longipes Tiegh., Annls Sci. Nat., Bot., sér. 6 4 (4): 338. 1878 [1876].

宁夏（NX）。

Zhuang 2005；王宽仓等　2009。

突囊水玉霉

Pilobolus umbonatus Buller, Researches of Fungi 6: 178. 1934.

陕西（SN）、重庆（CQ）。

Ou 1940；Zhuang 2005。

根霉科　Rhizopodaceae K. Schum.

根霉属

Rhizopus Ehrenb., Nova Acta Phys.-Med. Acad. Caes. Leop.-Carol. Nat. Cur. 10: 198. 1821.

美国根霉 ［新拟］

Rhizopus americanus (Hesselt. & J.J. Ellis) R.Y. Zheng, G.Q. Chen & X.Y. Liu, Mycosystema 19 (4): 473. 2000.

中国（具体地点不详）；美国。

Zheng et al. 2007。

少根根霉

Rhizopus arrhizus A. Fisch., Rabenh. Krypt.-Fl., Edn 2 (Leipzig) 1 (4): 233. 1892.

Rhizopus arrhizus var. *arrhizus* A. Fisch., in Winter, Rabenh. Krypt.-Fl., Edn 2 (Leipzig) 1 (4): 233. 1892.

Amylomyces rouxii Calmette, Annls Inst. Pasteur, Paris 68: 131. 1892.

Mucor rouxianus Lendn., Les Mucorinees la Suisse p 96. 1908.

Rhizopus arrhizus var. *tonkinensis* (Vuill.) R.Y. Zheng & X.Y. Liu, Sydowia 59 (2): 316. 2007.

Rhizopus hangchow M. Yamaz., J. Agric. Soc. Japan 185: 8. 1918.

Rhizopus oryzae Went & Prins. Geerl., Verh. K. Akad. Wet., Tweede Sect. 4 (2): 16. 1895.

辽宁（LN）、河北（HEB）、北京（BJ）、山西（SX）、山东（SD）、河南（HEN）、陕西（SN）、宁夏（NX）、甘肃（GS）、青海（QH）、新疆（XJ）、江苏（JS）、上海（SH）、浙江（ZJ）、湖北（HB）、四川（SC）、贵州（GZ）、云南（YN）、西藏（XZ）、台湾（TW）、海南（HI）；日本、葡萄牙。

Ho et al. 1974；刘波和刘茵华 1986；于新江等 1991；王毓新等 1998；王家和等 2000；Zhuang 2005；孙剑秋等 2006；卢东升等 2007；Zheng et al. 2007；Chen et al. 2007；王宽仓 2009；陈曦等 2010；黄丹等 2010；方水琴等 2011；Zhao et al. 2011；王旭亮等 2012；姚翔等 2012；张思平等

2012；赵静等 2013。

冻茁根霉 ［新拟］

Rhizopus lyococcus (Ehrenb.) G.Y. Liou, F.L. Lee, G.F. Yuan & Stalpers, Mycol. Res. 111 (2): 199. 2007.

Rhizopus reflexus Bainier, Bull. Soc. Bot. Fr. 27: 226. 1880.

北京（BJ）、山东（SD）。

卢东升等 2007；Zheng et al. 2007。

小孢根霉

Rhizopus microsporus Tiegh., Annls Sci. Nat., Bot., sér. 6 1: 83. 1875.

Rhizopus microsporus var. *microsporus* Tiegh., Annls Sci. Nat., Bot., sér. 6 1: 83. 1875.

Rhizopus microsporus var. *chinensis* (Saito) Schipper & Stalpers, Stud. Mycol. 25: 31. 1984.

Rhizopus microsporus var. *oligosporus* (Saito) Schipper & Stalpers, Stud. Mycol. 25: 31. 1984.

Rhizopus microsporus var. *rhizopodiformis* (Cohn) Schipper & Stalpers, Stud. Mycol. 25: 30. 1984.

Rhizopus microsporus var. *tuberosus* R.Y. Zheng & G.Q. Chen, Mycotaxon 69: 183. 1998.

Rhizopus oligosporus Saito, Centbl. Bakt. ParasitKde, Abt. I 14: 632. 1905.

内蒙古（NM）、河北（HEB）、北京（BJ）、山东（SD）、新疆（XJ）、江苏（JS）、浙江（ZJ）、江西（JX）、湖南（HN）、贵州（GZ）、福建（FJ）、台湾（TW）、广东（GD）、广西（GX）、海南（HI）。

Chen & Chen 1990；叶雯等 1996；Zheng & Chen 1998b；Zhuang 2005；Zheng et al. 2007；Chen et al. 2007；曹兴南等 2011；Zhao et al. 2011。

雪白根霉

Rhizopus niveus M. Yamaz., J. Agric. Soc. Japan 202: 586. 1919. **Type:** Japan.

中国（具体地点不详）；日本。

Zheng et al. 2007。

性殖根霉

Rhizopus sexualis (G. Sm.) Callen, J. Agric. Soc. Japan 4: 793. 1940.

广东（GD）。

黄清珠和戚佩坤 1991；Ho 1995。

匍枝根霉

Rhizopus stolonifer (Ehrenb.) Vuill., Revue Mycol., Toulouse 24: 54. 1902.

Rhizopus nigricans Ehrenb., Nova Acta Phys.-Med. Acad. Caes. Leop.-Carol. Nat. Cur. 10: 198. 1821.

黑龙江（HL）、吉林（JL）、辽宁（LN）、内蒙古（NM）、北京（BJ）、山西（SX）、山东（SD）、河南（HEN）、陕西（SN）、宁夏（NX）、青海（QH）、新疆（XJ）、浙江（ZJ）、江西（JX）、湖南（HN）、四川（SC）、重庆（CQ）、贵州

（GZ）、云南（YN）、福建（FJ）、台湾（TW）、广东（GD）、广西（GX）、海南（HI）；德国。

Yang & Liu 1972；Ho et al. 1974；刘波和刘茵华 1986；吴询耻和吕士恩 1987；刘家齐等 1987；孙树权等 1988；梁景颐和白金恺 1988；李树森 1992；Ho 1996；马秉元等 1998；白容霖等 1999；陈秋萍 2000；王卫芳等 2000；王家和等 2000；陈俏彪等 2006；赵春青和李多川 2007；卢东升等 2007；Zheng et al. 2007；杨晓贺等 2008，2011；王宽仓等 2009；张学才和章淑玲 2011；赵震宇和郭庆元 2012；Chai et al. 2013。

瓶霉科 **Saksenaeaceae** Hesselt. & J.J. Ellis

囊托霉属

Apophysomyces P.C. Misra, Mycotaxon 8 (2): 377. 1979.

雅致囊托霉 ［新拟］

Apophysomyces elegans P.C. Misra, K.J. Srivast. & Lata, Mycotaxon 8 (2): 378. 1979. **Type:** India (Uttar Pradesh).

中国（具体地点不详）；印度。

郭宁如 1987。

共头霉科 **Syncephalastraceae** Naumov ex R.K. Benj.

卷霉属

Circinella Tiegh. & G. Le Monn., Annls Sci. Nat. 17: 298. 1873.

蝇卷霉

Circinella muscae (Sorokīn) Berl. & De Toni, Syll. Fung. (Abellini) 7: 216. 1888.

台湾（TW）。

Ho 1995。

伞形卷霉

Circinella umbellata Tiegh. & G. Le Monn., Annls Sci. Nat., Bot., sér. 5 17: 300. 1873.

陕西（SN）、宁夏（NX）、台湾（TW）。

Ho 1995；Zhuang 2005；王宽仓等 2009。

共头霉属

Syncephalastrum J. Schröt., Krypt.-Fl. Schlesien 3 (1): 217. 1886.

总状共头霉

Syncephalastrum racemosum Cohn ex J. Schröt., Krypt.-Fl. Schlesien (Breslau) 3.1 (9-16): 217. 1886 [1889]. **Type:** Poland.

陕西（SN）、台湾（TW）；波兰。

Liu & Yang 1973；Ho et al. 1974；Tseng & Chen 1981；Ho 1996；Zhuang 2005。

钩枝霉属

Thamnostylum Arx & H.P. Upadhyay, Gen. Fungi Sporul. Cult. (Lehr) p 247. 1970.

梨形钩枝霉 ［新拟］

Thamnostylum piriforme (Bainier) Arx & H.P. Upadhyay, Gen. Fungi Sporul. Cult. (Lehr) p 247. 1970.

Helicostylum piriforme Bainier, Bull. Soc. Bot. Fr. 27: 227. 1880.

Thamnidium piriforme (Bainier) Mig., Rabenh. Krypt.-Fl., Edn 2 (Leipzig) 3 (1): 207. 1910.

台湾（TW）。

Yang & Liu 1972；Ho 2002a。

伞形霉科 Umbelopsidaceae W. Gams & W. Mey.

伞形霉属

Umbelopsis Amos & H.L. Barnett, Mycologia 58 (5): 807. 1966.

具棱伞形霉 ［新拟］

Umbelopsis angularis W. Gams & M. Sugiy., Mycoscience 44 (3): 221. 2003. **Type:** Netherlands.

吉林（JL）、浙江（ZJ）、湖北（HB）；德国、荷兰。

Wang et al. 2013。

双型伞形霉 ［新拟］

Umbelopsis dimorpha Mahoney & W. Gams, Mycol. Res. 108 (1): 109. 2004. **Type:** New Zealand South.

吉林（JL）、湖北（HB）；新西兰。

Wang et al. 2013。

深黄伞形霉

Umbelopsis isabellina (Oudem.) W. Gams, Mycol. Res. 107 (3): 349. 2003.

Mortierella isabellina Oudem., Arch. Néerl. Sci., Sér. 2 7: 276. 1902.

吉林（JL）、辽宁（LN）、内蒙古（NM）。

Chen 1992b；郑红波等 2010。

矮伞形霉 ［新拟］

Umbelopsis nana (Linnem.) Arx, Sydowia 35: 20. 1984 [1982].

西藏（XZ）；日本、比利时、丹麦、德国、波兰、俄罗斯、瑞典、加拿大。

Wang et al. 2013。

拉曼伞形霉 ［新拟］

Umbelopsis ramanniana (Möller) W. Gams, Mycol. Res. 107 (3): 349. 2003.

Mortierella ramanniana (Möller) Linnem., Mucor.-Gatt. Mortierella Coem. p 19. 1941.

Mortierella ramanniana var. *ramanniana* (Möller) Linnem., Mucor.-Gatt. Mortierella Coem. p 19. 1941.

吉林（JL）、湖北（HB）、四川（SC）、云南（YN）、福建（FJ）、台湾（TW）。

Ho et al. 1974；Chen 1992b；王家和等 2000。

变形伞形霉 ［新拟］

Umbelopsis versiformis Amos & H.L. Barnett, Mycologia 58 (5): 807. 1966. **Type:** United States (West Virginia).

西藏（XZ）、香港（HK）；美国、澳大利亚。

Ho et al. 2002；Wang et al. 2013。

葡萄酒色伞形霉 ［新拟］

Umbelopsis vinacea (Dixon-Stew.) Arx, Sydowia 35: 20. 1984 [1982].

Mortierella vinacea Dixon-Stew., Trans. Br. Mycol. Soc. 17 (3): 212. 1932.

Mortierella ramanniana var. *angulispora* Naumov ex Linnem., Mucor.-Gatt. Mortierella Coem. 23: 19. 1941.

黑龙江（HL）、吉林（JL）、湖北（HB）、西藏（XZ）。

Chen 1992b；Wang et al. 2014。

捕虫霉目 Zoopagales Bessey ex R.K. Benj.

卷头霉科 Helicocephalidaceae Boedijn

头枝霉属

Thamnocephalis Blakeslee, Bot. Gaz. 40: 165. 1905.

四脚头枝霉

Thamnocephalis quadrupedata Blakeslee, Bot. Gaz. 40: 165. 1905.

重庆（CQ）。

Ou 1940。

头珠霉科 Piptocephalidaceae J. Schröt.

头珠霉属

Piptocephalis de Bary, Abh. Senckenb. Naturforsch. Ges. 5: 356. 1865.

弯曲头珠霉 ［新拟］

Piptocephalis curvata Baijal & B.S. Mehrotra, Zentbl. Bakt. ParasitKde, Abt. II 122: 181. 1968. **Type:** India (Assam).

台湾（TW）；印度、日本、马来西亚。

Ho 2004。

德巴头珠霉 ［新拟］

Piptocephalis debaryana B.S. Mehrotra, Proc. Natn. Acad. Sci. India, Sect. B, Biol. Sci. 30: 371. 1960. **Type:** India (Uttar Pradesh).

台湾（TW）；印度。

Ho 2006a。

顶丝头珠霉［新拟］

Piptocephalis fimbriata M.J. Richardson & Leadb., Trans. Br. Mycol. Soc. 58 (2): 206. 1972. **Type:** Great Britain.

台湾（TW）；日本、英国、美国。

Ho 2004。

台湾头珠霉［新拟］

Piptocephalis formosana H.M. Ho & P.M. Kirk, Bot. Studies (Taipei) 50 (1): 69. 2009. **Type:** China (Taiwan).

台湾（TW）。

Ho & Kirk 2009。

头珠霉

Piptocephalis freseniana de Bary, Abh. Senckenb. Naturforsch. Ges. 5: 356. 1865. **Type:** Germany.

台湾（TW）；德国。

Hou & Ho 2010。

格氏头珠霉［新拟］

Piptocephalis graefenhanii H.M. Ho, Bot. Studies (Taipei) 47 (4): 453. 2006. **Type:** China (Taiwan).

台湾（TW）。

Ho 2006b。

印度头珠霉［新拟］

Piptocephalis indica B.S. Mehrotra & Baijal, Sydowia 17: 171. 1964 [1963]. **Type:** India (Uttar Pradesh).

台湾（TW）；印度。

Ho 2003。

雅洁头珠霉

Piptocephalis lepidula (Marchal) P. Syd., Syll. Fung. (Abellini) 12: 571. 1897.

陕西（SN）。

Zhuang 2005。

蒂盖姆头珠霉

Piptocephalis tieghemiana Matr., Bull. Soc. Mycol. Fr. 16: 58. 1900.

台湾（TW）。

Ho 2006a。

异嗜头珠霉［新拟］

Piptocephalis xenophila Dobbs & M.P. English, Trans. Br. Mycol. Soc. 37 (4): 375. 1954. **Type:** Great Britain.

台湾（TW）；英国。

Hou & Ho 2010。

集珠霉属

Syncephalis Tiegh. & G. Le Monn., Annls Sci. Nat. 17: 372. 1873.

棒状集珠霉［新拟］

Syncephalis clavata H.M. Ho & Benny, Bot. Studies (Taipei)

48 (3): 319. 2007. **Type:** China (Taiwan).

台湾（TW）。

Ho & Benny 2007。

弯梗集珠霉

Syncephalis cornu Tiegh. & G. Le Monn., Annls Sci. Nat., Bot., sér. 5 17: 376. 1873.

台湾（TW）。

Liu & Yang 1973；Ho 2003。

散孢集珠霉

Syncephalis depressa Tiegh. & G. Le Monn., Annls Sci. Nat., Bot., sér. 5 17: 375. 1873.

台湾（TW）；日本、法国、荷兰。

Ho 2000；简秋源 2004。

台湾集珠霉［新拟］

Syncephalis formosana H.M. Ho & Benny, Bot. Studies (Taipei) 48 (3): 321. 2007. **Type:** China (Taiwan).

台湾（TW）。

Ho & Benny 2007。

倒锥集珠霉

Syncephalis obconica Indoh, Sci. Rep. Tokyo Kyoiku Daig., Sect. B 11 (no. 160): 17. 1962. **Type:** Japan.

台湾（TW）；日本。

Ho 2001。

倾斜集珠霉［新拟］

Syncephalis obliqua H.M. Ho & Benny, Bot. Studies (Taipei) 49 (1): 45. 2008. **Type:** China (Taiwan).

台湾（TW）。

Ho & Gerald 2008。

细小集珠霉［新拟］

Syncephalis parvula Gruhn, Can. J. Microbiol. 37 (5): 356. 1991. **Type:** Germany.

台湾（TW）；德国。

Ho 2002b。

球形集珠霉

Syncephalis sphaerica Tiegh., Annls Sci. Nat., Bot., sér. 6 1: 125. 1875.

台湾（TW）；印度、日本、法国、德国、英国、加拿大、美国、澳大利亚。

Ho 2001。

细柔集珠霉［新拟］

Syncephalis tenuis Thaxt., Bot. Gaz. 24 (1): 12. 1897.

台湾（TW）；印度、日本、美国。

Ho 2002b。

肿梗集珠霉

Syncephalis ventricosa Tiegh., Annls Sci. Nat., Bot., sér. 6 1:

133. 1875.

台湾（TW）；法国。

Ho 2003。

轮虫霉科　**Zoopagaceae** Drechsler

梗虫霉属

Stylopage Drechsler, Mycologia 27 (2): 197. 1935.

异形梗虫霉

Stylopage anomala S.N. Wood, Trans. Br. Mycol. Soc. 80 (2): 368. 1983. **Type:** United Kingdom.

云南（YN）；英国。

章靖等 2005。

纤细梗虫霉

Stylopage araea Drechsler, Mycologia 27 (2): 201. 1935.

西藏（XZ）。

莫明和等 2001。

宏大梗虫霉 ［新拟］

Stylopage grandis Dudd., Mycologia 40 (2): 245. 1948. **Type:** Great Britain.

北京（BJ）、山东（SD）、西藏（XZ）；英国。

刘杏忠等 1993；莫明和等 2001。

硬梗虫霉

Stylopage hadra Drechsler, Mycologia 27 (2): 209. 1935.

云南（YN）、西藏（XZ）。

莫明和等 2001；章靖等 2005。

滑丝梗虫霉

Stylopage leiohypha Drechsler, Mycologia 28 (3): 241. 1936.

西藏（XZ）。

莫明和等 2001。

轮虫霉属

Zoophagus Sommerst., Öst. Bot. Z. 61: 361, 372. 1911.

胶孢轮虫霉

Zoophagus pectosporus (Drechsler) M.W. Dick, Mycol. Res. 94 (3): 352. 1990.

贵州（GZ）。

刘杏忠等 1998。

球捕轮虫霉

Zoophagus tylopagus Xing Y. Liu & K.Q. Zhang, Mycosystema 17 (2): 105. 1998. **Type:** China (Jilin).

吉林（JL）。

刘杏忠等 1998。

目的归属有待确定的类群
Ordo incertae sedis

科的归属有待确定的类群 **Familia incertae sedis**

稠密孢霉属

Densospora McGee, Aust. Syst. Bot. 9 (3): 330. 1996.

筒丝稠密孢霉 ［新拟］

Densospora tubiformis (P.A. Tandy) McGee, Aust. Syst. Bot. 9 (3): 330. 1996.

Glomus tubiforme P.A. Tandy, Aust. J. Bot. 23 (5): 863. 1975.

中国（具体地点不详）；澳大利亚。

唐振尧和臧穆 1984；张美庆和王幼珊 1991a。

参 考 文 献

白容霖, 刘学敏, 刘伟成. 1999. 吉林省人参根腐病病原真菌种类的研究. 植物病理学报, (3): 285.

包玉英, 闫伟. 2004. 蒙古韭共生真菌及其菌根形态学的研究. 菌物学报, 23 (2): 286-293.

包玉英, 闫伟, 张美庆. 2007. 内蒙古草原常见植物根围 AM 真菌. 菌物学报, 26 (1): 51-58.

蔡邦平, 陈俊愉, 张启翔, 郭良栋. 2008. 梅根际丛枝菌根真菌三个中国新记录种 (英文). 菌物学报, 27 (4): 538-542.

蔡邦平, 陈俊愉, 张启翔, 郭良栋. 2009. 梅根际丛枝菌根真菌五个中国新记录种 (英文). 菌物学报, 28 (1): 73-78.

蔡邦平, 董怡然, 郭良栋, 陈俊愉, 张启翔. 2012. 丛枝菌根真菌四个中国新记录种 (英文). 菌物学报, 31 (1): 62-67.

蔡邦平, 张英, 陈俊愉, 张启翔, 郭良栋. 2007. 藏东南野梅根际丛枝菌根真菌三个我国新记录种 (英文). 菌物学报, 26 (1): 36-39.

曹兴南, 王海宽, 孙岩, 戚薇. 2011. 一株来源于酒曲的纤溶酶产生菌的鉴定及其酶学性质. 天津科技大学学报, 26 (5): 13-18.

曹阳春, 杨红建, 沈博通. 2010. 高产纤维降解酶牦牛瘤胃厌氧真菌分离株的筛选与鉴定. 中国农业大学学报, 15 (3): 70-74.

曹育春, 陈兴平, 曾学思, 陈辉, 万沐芬, 李守新. 2007. 厚壁孢子根毛霉引起深部真菌病一例. 中华皮肤科杂志, 40 (11): 659-662.

陈桂清, 郑儒永. 1986. A new species of *Mucor* with giant sports. 真菌学报, 增刊 (Ⅰ): 56-60.

陈俏彪, 吴全聪, 吴应淼. 2006. 浙江省代料香菇病虫害调查. 食用菌学报, 13 (2): 69-73.

陈庆涛, 王琪, 刘波. 1986. 蝙蝠蛾被孢霉[新种]的形态学研究. 山西大学学报, (4): 70-74.

陈秋萍. 2000. 福建省百合病害调查初报. 福建林学院学报, 20 (2): 97-100.

陈世平, 冯家熙, 王苗, 李树林, 孙鹤龄. 1990. 我国首例肺微小根毛霉病及其致病菌的分离和培养. 真菌学报, 9 (3): 226-231.

陈曦, 孙晓东, 毕思远, 张薇, 杨红, 吕国忠, 辛鑫, 孙晓燕. 2010. 辽宁地区药用植物根际土壤真菌多样性的研究. 菌物学报, 29 (3): 321-328.

陈志超, 石兆勇, 田长彦, 冯固. 2008. 古尔班通古特沙漠南缘短命植物根际 AM 真菌群落特征研究. 菌物学报, 27 (5): 663-672.

成艳芬, 朱伟云. 2009. ARISA 方法研究产甲烷菌共存及去除条件下瘤胃真菌多样性变化. 微生物学报, 49 (4): 504-511.

程昌泽, 吴拥军, 龙菊, 王嘉福, 许文钗. 2008. 腐乳毛霉高产蛋白酶菌株的分离与鉴定. 山地农业生物学报, 27 (2): 127-133.

程素琴, 龙厚茹. 1987a. 有味耳霉的分离、培养和鉴定. 真菌学报, 6 (3): 129-132.

程素琴, 龙厚茹. 1987b. 毒力虫霉防治蚜虫的研究. 微生物学通报, (3): 97-100.

代万安, 赵肖静, 罗布, 李宝聚, 德庆卓嘎, 黄界, 杨杰. 2012. 李宝聚博士诊病手记 (四十七) 西藏新病害——马铃薯癌肿病的发生与防治. 中国蔬菜, (9): 26-27.

戴芳澜. 1979. 中国真菌总汇. 北京: 科学出版社: 1-1527.

丁骅孙, 杨发蓉. 1988. 程海的真菌. 云南大学学报 (自然科学版), (4): 370-376.

段鹏飞, 刘天学, 李潮海. 2010a. 河南玉米叶斑病发生的区域特征. 河南农业大学学报, 44 (2): 196-201.

段鹏飞, 刘天学, 李潮海. 2010b. 河南省玉米病害的发生特点和主推品种的田间抗性鉴定. 玉米科学, 18 (2): 117-120, 124.

段显德, 王晓梅, 马腾达, 杨信东. 2011. 玉米褐斑病空间分布型研究. 辽东学院学报 (自然科学版), 18 (4): 290-291, 302.

樊美珍, 郭超, 李增智. 1991. 虫疫霉属新种和中国新记录. 真菌学报, 10 (2): 95-100.

樊美珍, 郭超, 刘荣光, 李德家, 王纯洁. 1992. 虫霉目新记录属及新记录种. 西北林学院学报, 7 (2): 26-29.

樊美珍, 王滨, 丁德贵, 郑麟, 汪利民, 余子牛, 徐卫海. 1998. 鹞落坪自然保护区的虫生真菌资源. 安徽农业大学学报, 25 (3): 224-229.

方水琴, 吴福安, 陈明胜, 陶恒平, 梁垚, 姜星, 程嘉翎, 韩红发, 张洁花. 2011. 一种引起成年桑树根部腐烂的病害及致病菌分离与初步鉴定. 蚕业科学, 37 (5): 785-791.

冯岩, 黄丽华, 陈健. 1999. 广州地区粉葛拟锈病病原鉴定. 植物保护, 25 (1): 11-13.

盖京苹, 冯固, 李晓林. 2004. 我国北方农田土壤中 AM 真菌的多样性. 生物多样性, 12 (4): 435-440.

盖京苹, 刘润进. 2000. 野生植物根围的丛枝菌根真菌 I. 菌物系统, 19 (1): 24-28.

盖京苹, 刘润进, 孟祥霞. 2000. 野生植物根围的丛枝菌根真菌 Ⅱ. 菌物系统, 19 (2): 205-211.

高清明, 张英, 郭良栋. 2006. 西藏东南部地区的丛枝菌根真菌 (英文). 菌物学报, 25 (2): 234-243.

龚利敏, 孟庆翔. 1997. 中国黄牛瘤胃厌氧真菌的分离纯化及形态学初步观察. 畜牧兽医学报, 28 (6): 489-493.

郭宁如. 1987. 精美尖端节肿霉所引起的接合菌病. 国际皮肤性病学杂志, (2): 100.

贺学礼, 王凌云, 马晶, 赵丽莉. 2010. 河北省安国地区丹参根围 AM 真菌多样性. 生物多样性, 18 (2): 187-194.

贺宇典, 余金咏, 于泉林, 杜金友, 林小虎. 2011. 玉米褐斑病流行规律及 GEM 种质资源抗病性鉴定. 玉米科学, 19 (3): 131-134.

洪淑梅, 李培香, 方宇澄. 1987. 番茄内生菌根研究初报. 山东农业大学学报, 18 (2): 48-52.

胡以仁. 1986. 我国未报道过的盖姆斯被孢霉. 云南农业大学学报, (1): 37-38.

黄勃, 樊美珍, 李增智, 徐连喜. 2000. 中国的虫疠霉. 安徽农业大学学报, 27 (1): 9-12.

黄丹, 储玉龙, 尚志超, 张强. 2010. 大曲酯化酶根霉菌的分离及产酶条件研究. 食品与发酵科技, 46 (3): 30-32.

黄清珠, 戚佩坤. 1991. 广州附近的草莓病害. 云南农业大学学报, 6 (1): 34-38.

黄耀坚, 陈少毅, 白育龄. 1985. 舍蝇的寄生真菌——堪萨虫霉. 真菌学报, 4 (1): 16-18.

黄耀坚, 陈少毅, 白育龄, 吴志远. 1984. 冠耳霉的分离和鉴定. 真菌学报, 3 (3): 141-144.

黄耀坚, 李增智. 1993. 尘白灯蛾的病原真菌新种——福建虫瘴霉. 真菌学报, 12 (1): 1-4.

黄耀坚, 苏玮, 连巧霞. 1991. 中国虫霉目三新记录. 福建林学院学报, 11 (3): 249-252.

黄耀坚, 郑本暖. 1990a. 虫疫霉属一新记录. 真菌学报, 9 (4): 327-328.

黄耀坚, 郑本暖. 1990b. 福建虫霉的种类、分布、流行及应用策略. 福建林学院学报, 10 (1): 49-56.

黄耀坚, 郑本暖, 尤华明. 1988b. 弯孢虫疫霉的分离和鉴定. 真菌学报, 7 (2): 68-71.

黄耀坚, 郑本暖, 尤华明. 1989a. 粉蝶虫疫霉的鉴定及流行. 微生物学通报, (4): 197-200.

黄耀坚, 郑本暖, 尤华明. 1989b. 蛙粪霉属一新记录. 福建林学院学报, 9 (2): 118-121.

黄耀坚, 郑本暖, 朱惠琼. 1988a. *Erynia radicans* 的分离、鉴定和生物测定. 林业科技通讯, (6): 16-18.

吉同宾, 李敏慧, 吴云, 习平根, 谭万忠, 姜子德. 2007. 葛拟锈病菌 rDNA-ITS 的序列分析. 华南农业大学学报, 28 (2): 42-46.

冀春花, 张淑彬, 盖京苹, 白灯莎, 李晓林, 冯固. 2007. 西北干旱区 AM 真菌多样性研究. 生物多样性, 15 (1): 77-83.

贾春生. 2010a. 感染丝光绿蝇的双翅目虫疠霉形态观察. 中国媒介生物学及控制杂志, 21 (6): 546-548.

贾春生. 2010b. 致倦库蚊感染堆集噬虫霉的症状及其病原形态观察. 中国媒介生物学及控制杂志, 21 (4): 343-345.

贾春生. 2010c. 广东省发现小菜蛾根虫瘟霉. 植物保护, 36 (3): 113-116.

贾春生. 2010d. 小菜蛾布伦克虫疠霉研究初探. 中国生物防治, 26 (3): 369-372.

贾春生. 2011a. 广东省白背飞虱病原真菌的分离鉴定和培养. 植物保护, 37 (5): 92-96.

贾春生. 2011b. 广东省乐昌市虫霉目真菌调查. 韶关学院学报 (自然科学版), 32 (2): 41-45.

贾春生. 2011c. 侵染黑肩绿盲蝽的突破虫霉新记录. 中国生物防治学报, 27 (3): 338-343.

贾春生. 2011d. 广东省桃蚜虫霉目昆虫病原真菌鉴定. 中国园艺文摘, 11 (1): 182-183.

贾春生. 2011e. 中国虫疫霉属 1 新记录种记述 (虫霉目, 虫霉科). 东北林业大学学报, 39 (5): 129-130.

贾春生. 2011f. 广东省飞虱虫疠霉的初步研究. 中国植保导刊, 31 (2): 11-12, 10.

贾春生. 2011g. 萝卜蚜新虫疠霉的分离鉴定及其致病性测定. 安徽农业科学, 39 (3): 1385-1386.

贾春生. 2011h. 虫霉属一中国新记录种. 安徽农业科学, 39 (10): 5803-5804.

贾春生, 洪波. 2011. 广东省侵染摇蚊的库蚊虫霉研究. 应用昆虫学报, 48 (2): 442-446.

贾春生, 洪波. 2012. 稻纵卷叶螟根虫瘟霉的分离鉴定及其流行病研究. 菌物学报, 31 (3): 322-330.

贾春生, 洪波. 2013. 广东虫疠霉——侵染黑肩绿盲蝽的虫疠霉属一新种. 菌物学报, (5): 785-790.

贾春生, 刘发光. 2010a. 车八岭国家级自然保护区森林昆虫病原真菌初报. 西北林学院学报, 25 (5): 108-111.

贾春生, 刘发光. 2010b. 广东省森林昆虫病原真菌调查. 西南林学院学报, 30 (1): 51-54.

贾菊生, 胡守智. 1994. 新疆经济植物真菌病害志. 新疆: 新疆科技卫生出版社: 1-400.

简秋源. 2004. 台湾产粪生管状孢子囊类 (毛霉菌目) 数种菌株之鉴定. 新疆大学学报 (自然科学版), 21 (Z1): 28-29.

江式富, 陈永康, 李世才, 赵祖新. 1988. 三唑酮防治马铃薯癌肿病试验初报. 植物保护, 14 (3): 22-23.

姜攀, 王明元, 卢静婵. 2012. 福建漳州常见药用植物根围的丛枝菌根真菌. 菌物学报, 31 (5): 676-689.

蒋军喜, 羊大进, 张景凤, 于嘉林, 蔡祝南, 刘仪. 1999. 寄生甜菜根部油壶菌 (*Olpidium* sp.) 种的鉴定. 江西农业大学学报, 21 (4): 529-532.

蒋敏, 闫伟, 白淑兰, 韩胜利, 方亮. 2009. 内蒙古西部区 3 种乡土荒漠植物 VA 菌根真菌资源初探. 微生物学杂志, 29 (1): 99-102.

金晓华, 何其明, 徐泽海, 张永安. 1994. 玉米褐斑病在京郊夏玉米上发生及危害. 植物保护, 20 (6): 46-47.

鞠秀云, 冯友建, 蒋继宏. 2009. 一株产不饱和脂肪酸真菌的分离与鉴定. 食品科学, 30 (1): 200-202.

李炳清, 刘志文, 曾华, 刘子莹, 季林鹏, 袁继平, 蒋军喜, 王建国. 2011. 基于 GARP 的马铃薯癌肿病在中国适生性分析. 江西植保, 34 (4): 145-150.

李春阳, 徐永豪, 胡勤峰. 2006. 多变根毛霉致面部皮肤根毛霉病 1 例. 中国真菌学杂志, 1 (5): 284-285.

李宏. 2007. 2006 年河北保定玉米褐斑病重发生原因分析. 中国植保导刊, 27 (4): 22-23.

李建平, 李涛, 赵之伟. 2003. 金沙江干热河谷 (元谋段) 丛枝菌根真菌多样性研究. 菌物系统, 22 (4): 604-612.

李俊虎, 姜兴印, 戈大庆, 王燕, 段强, 王冲, 鲍静. 2011. 三种杀菌剂对玉米褐斑病菌的毒力及田间控制作用. 农药学学报, 13 (3): 253-260.

李俊虎, 姜兴印, 王燕, 戈大庆, 聂乐兴, 吴淑华. 2010. 戊唑醇不同处理方式对夏玉米褐斑病空间分布及产量影响. 农药, 49 (7): 533-535, 542.

李丽, 伍建榕, 马焕成, 高拓, 冯泉清. 2015. 丛枝菌根真菌 (AMF) 对西南桦溃疡 (干腐) 病的抗性调查研究. 云南农业大学学报, 30 (3): 369-375.

李敏, 孟祥霞, 姜吉强, 刘润进. 2000. AM 真菌与西瓜枯萎病关系初探. 植物病理学报, 30 (4): 327-331.

李树森, 钱学聪, 许家珠. 1992. 秦巴山区黑木耳香菇生产中常见杂菌及防治. 中国食用菌, 11 (3): 25-26.

李涛, 李建平, 赵之伟. 2004. 丛枝菌根真菌的两个中国新记录种. 菌物学报, 23 (1): 144-145.

李伟, 王秀芳, 李照会, 许维岸, 盛承发. 2004. 山东省常见虫霉真菌调查. 昆虫知识, 41 (4): 350-353.

李伟, 许维岸, 李照会, 王秀芳. 2003a. 块耳霉菌株 (Taian 00927) 生物学特性的研究. 山东农业大学学报 (自然科学版), 34 (1): 108-112.

李伟, 许维岸, 李照会, 许俊杰, 张洪玉. 2003b. 泰安地区虫霉目真菌资源初步调查. 山东农业大学学报 (自然科学版), 34 (4): 482-484.

李伟, 宣维健, 王红托, 盛承发, 苗长忠. 2005. 我国大陆寄生蚜虫的病原真菌. 昆虫知识, 42 (1): 31-35.

李增智. 1985. 蚜虫上虫霉的鉴定. 微生物学通报, (5): 193-198.

李增智. 1986. 蚜虫的病原真菌新种——安徽虫疫霉. 真菌学报, 5 (1): 1-6.

李增智. 2000. 中国真菌志 第十三卷 虫霉目. 北京: 科学出版社: 1-163.

李增智, 陈祝安, 许益伟. 1990. 沫蝉的病原真菌新种——巨孢虫疫霉 (英文). 真菌学报, 9 (4): 263-265.

李增智, 樊美珍, 秦才富. 1992. 虫霉目新种和新记录. 真菌学报, 11 (3): 182-187.

李增智, 黄勃, 樊美珍. 1997. 侵染双翅目昆虫的新种, 新记录, 新组合及新修订. 菌物系统, 16 (2): 91-96.

李增智, 鲁绪祥, 王文跃. 1988b. 加拿大虫疫霉在松大蚜中的流行. 森林病虫通讯, (2): 14-15.

李增智, 王建林, 鲁绪祥. 1989. 引起害虫大规模流行病的两种虫霉. 真菌学报, 8 (2): 81-85.

李增智, 杨健平, 江命龙, 鲁绪祥. 1988a. 圆孢虫疫霉在茶尺蠖中的流行. 茶叶通报, 23 (2): 10-12.

梁晨, 吕国忠. 2002. 辽宁省农田作物根围的真菌 (Ⅰ). 沈阳农业大学学报, 33 (3): 185-187.

梁景颐, 白金恺. 1988. 高粱籽粒霉变的真菌菌群研究. 沈阳农业大学学报, 19 (1): 27-34.

廖永红, 任文雅, 伍松陵, 沈晗. 2010. 两株酒曲毛霉的分离及 Biolog 微生物系统分析鉴定. 食品工业科技, 31 (1): 191-193.

林大武, 崔广程. 1989. 西藏蚕豆油壶菌火肿病发生调查简报. 西南农业学报, 2 (2): 86-87.

林清洪, 黄维南. 1999. 福建省主要固氮树木 VA 菌根真菌的分离鉴定 (简报). 亚热带植物通讯, 28 (1): 65.

刘波, 刘茵华. 1986. 蘑菇病害. 中国食用菌, (5): 12-14, 47.

刘家齐, 邓光明, 周浩车, 刘清玉. 1987. 重庆地区小麦根腐病调查. 植物病理学报, (1): 39.

刘宁, 孙田, 孙乃奎, 杨学红, 宋希芳, 陈芳. 2011. 黄淮海地区夏玉米褐斑病发生加重原因及防治对策. 种子世界, (5): 47.

刘润进, 王发园, 孟祥霞. 2002. 渤海湾岛屿的丛枝菌根真菌. 菌物系统, 21 (4): 525-532.

刘素兰, 徐荫祺. 1982. 印度雕蚀菌对三带喙库蚊幼虫生活力的影响. 昆虫学报, 25 (4): 409-412, 474.

刘小勇. 2004. 中国新记录属——旋枝霉属 (英文). 菌物学报, 23 (2): 301-302.

刘兴龙, 李新民, 刘春来, 王克勤, 王爽, 刘宇. 2009. 大豆蚜研究进展. 中国农学通报, 25 (14): 224-228.

刘杏忠, 缪作清, 高仁恒, 张克勤. 1998. 捕食线虫真菌. 菌物系统, 17 (2): 105-108.

刘杏忠, 裘维蕃, 缪作清. 1993. 捕食线虫真菌在我国的分布. 真菌学报, 12 (3): 253-356.

卢东升, 王金平, 汪军玲, 谢正萍. 2007. 食用菌污染真菌的调查研究. 信阳师范学院学报 (自然科学版), 20 (4): 448-451.

卢东升, 吴小芹. 2005. 豫南茶园 VA 菌根真菌种类研究. 南京林业大学学报 (自然科学版), 29 (3): 33-36.

陆文华, 王末名. 1988. 山东省几种蚜虫虫霉的调查和鉴定. 微生物学通报, 15 (1): 155-159.

马秉元, 龙书生, 李亚玲, 李多川. 1998. 玉米穗粒腐病的病原菌鉴定及致病性测试. 植物保护学报, 25 (4): 300-304.

马晶, 图力古尔. 2008. 伞菌霉 (Spinellus fusiger) 形态学观察 (英文). 菌物研究, 6 (1): 4-6.

毛胜勇, 姚文, 陈勇. 2014. 山羊瘤胃和粪便中厌氧真菌的分离及发酵粗饲料能力初探. 草业学报, 23 (4): 357-361.

闵嗣璠. 2003. 佛手瓜贮藏期病害鉴定. 江西植保, 26 (2): 87-88.

莫明和, 毕廷菊, 张克勤. 2001. 西藏的捕食线虫真菌 (英文). 菌物系统, 20 (1): 129-131.

潘幸来, 张贵云, 王永杰, 吴慎杰. 1997a. 黄土高原的 VA 菌根真菌Ⅳ. 菌物系统, 16 (3): 166-168.

潘幸来, 张贵云, 王永杰, 吴慎杰. 1997b. 黄土高原的一个 VA 菌根真菌新种. 菌物系统, 16 (3): 169-171.

裴克全. 2000a. 中国毛霉的三个新记录种 (英文). 菌物系统, 19 (4): 563-565.

裴克全. 2000b. 变孢毛霉的一个新变种及对 Mucor luteus Linnemann 和 M. variosporus Schipper 的合格化 (英文). 菌物系统, 19 (1): 10-12.

彭生斌, 沈崇尧, 裘维蕃. 1990. 中国的内囊霉科菌根真菌. 真菌学报, 09 (3): 169-175.

齐蓓, 陈旭, 任发亮, 徐宏彬, 沈永年, 顾恒. 2012. 多变根毛霉致原发性皮肤毛霉病 1 例及文献回顾. 临床皮肤科杂志, 41 (6): 329-333.

钱伟华, 贺学礼. 2009. 荒漠生境油蒿根围 AM 真菌多样性. 生物多样性, 17 (5): 506-511.

秦臻, 蔡素梅, 黄钧, 周荣清. 2011. 一株产生淀粉分解酶型头霉的分离鉴定及其酶学性质. 微生物学通报, (5): 729-735.

任嘉红, 张静飞, 刘瑞祥, 李玉琴. 2008. 南方红豆杉丛枝菌根 (AM) 的研究. 西北植物学报, 28 (7): 1468-1473.

尚衍重, 任玉柱, 侯振世, 杨文胜. 1998. 内蒙古菌根菌名录. 吉林农业大学学报, 20 (增刊): 222.

沈赞明, 韩正康. 1993. 水牛瘤胃厌氧真菌的分离和鉴定. 南京农业大学学报, 16 (增刊): 30-34.

石兆勇, 陈应龙, 刘润进. 2003a. 西双版纳地区龙脑香科植物根围的 AM 真菌. 菌物系统, 22 (3): 402-409.

石兆勇, 陈应龙, 刘润进. 2003b. 尖峰岭地区龙脑香科植物根围的 AM 真菌. 菌物系统, 22 (3): 211-215.

石兆勇, 陈应龙, 刘润进. 2004. 丛枝菌根真菌一新记录种 (英文). 菌物学报, 23 (2): 312.

史琳娜, 吴海龙, 孔海民, 方萍. 2010. 一株丝状真菌的鉴定及其对四类有机物降解能力的研究. 科技通报, 26 (6): 938-942.

宋东辉, 贺运春, 宋淑梅, 张作刚, 李文英. 2001. 山西虫生真菌种类及分布研究 (Ⅰ). 山西农业大学学报, 21 (2): 104-107.

孙建华, 刘素兰, 江政仪, 连惟能. 1994. 蚊幼虫致病真菌——印度雕蚀菌游动孢子的生态因素观察. 上海医科大学学报, 21 (5): 329-332.

孙剑秋, 郭良栋, 臧威, 迟德富. 2006. 药用植物内生真菌及活性物质多样性研究进展. 西北植物学报, 26 (7): 1505-1519.

孙杰, 刘竞男, 吴茜茜, 王四宝, 蔡如胜, 黄勃. 2000. 合肥地区虫霉资源调查. 安徽农业大学学报, 37 (3): 240-242.

孙树权, 贺运春, 王建明. 1988. 山西省经济植物真菌病害名录. 山西农业大学学报, 8 (2): 241-256.

覃巍, 鲁莎, 阙冬梅, 席丽艳, 李希清. 2010. 多变根毛霉致原发性皮肤毛霉病 1 例及分子生物学鉴定. 皮肤性病诊疗学杂志, 17 (1): 14-17.

覃拥灵, 何海燕, 李楠, 陈山岭, 梁智群. 2007. 酯酶产生菌株的分离筛选. 微生物学通报, 34 (5): 549-552.

唐歌云. 1984. 茶蚜寄生菌——弗氏虫霉. 中国茶叶, (1): 39.

唐振尧, 臧穆. 1984. 内囊霉科检索表的增补和新种——柑桔球囊霉. 云南植物研究, 6 (3): 295-304.

图布丹扎布, 付改华, 刘二满, 景建国, 田有明, 杨永林. 1997. 雏鸡肺犁头霉菌病的病原分离与鉴定. 中国兽医杂志, 23 (1): 17-18.

汪洪钢, 李慧荃, 吴观以. 1998. 稀有内养囊霉 (Entrophospora infrequens (Hall) Ames et Schneider) 的研究 (英文). 菌物系统, 17 (1): 92-94.

汪洪钢, 吴观以, 李慧荃. 1992. 一个我国内囊霉科实果内囊霉属新纪录的种——弯曲波纹状实果内囊霉. 真菌学报, 11 (1): 78-79.

王波, 史玲莉. 2003. 沿淮地区玉米病害初步鉴定. 安徽农学通报, 9 (5): 69-70, 72.

王朝禺, 谭远碧. 1989. 球孢白僵菌和圆孢虫疫霉防治小绿叶蝉的研究. 西南农业大学学报, (1): 53-56.

王承芳, 李鲲鹏, 黄勃. 2010b. 中国一新记录种——近隔接合孢耳霉. 菌物研究, 8 (1): 12-14.
王承芳, 李鲲鹏, 刘玉军, 李增智, 黄勃. 2010a. 耳霉属的三个中国新记录种. 菌物学报, 29 (4): 595-599.
王德祥, 黄少彬. 1988. 霉属的一个新记录及蝇虫生霉和暗孢耳霉的鉴定. 北京林业大学学报, 10 (1): 79-81.
王德祥, 瞿俊杰. 1993. 虫霉目的三种新记录. 北京林业大学学报, 15 (1): 92-95.
王冬梅, 李多川, 白复芹. 2004. 两嗜热真菌中国新记录种. 山东农业大学学报 (自然科学版), 35 (4): 506-508.
王发园, 刘润进. 2002a. 黄河三角洲盐碱地的丛枝菌根真菌. 菌物系统, 21 (2): 196-202.
王发园, 刘润进. 2002b. 从枝菌根真菌一新种——枣庄球囊霉. 菌物系统, 21 (4): 522-524.
王宏勋, 邓张双, 杜娟, 张晓昱. 2007. 高产 PUFAs 多形单毛孢菌株的获取及碳源选择. 华中科技大学学报 (自然科学版), 35 (12): 129-132.
王记祥, 马良进. 2009. 虫生真菌在农林害虫生物防治中的应用. 浙江林学院学报, 26 (2): 286-291.
王记祥, 马良进, 张立钦, 毛胜凤. 2013. 马褂木褐斑病病原的鉴定. 林业科学, 49 (6): 189-191.
王记祥, 马良进, 张立钦, 毛胜凤, 温攀龙. 2014. 马褂木褐斑病发生规律的初步研究. 中国森林病虫, 33 (3): 22-33.
王家和, 唐嘉义, 何永宏, 刘云龙. 2000. 大围山自然保护区土壤真菌名录初报. 云南农业大学学报, 15 (1): 16-20.
王俊杰, 廖元兴. 1999. 伊曲康唑治疗 1 例原发性皮肤毛霉病. 临床皮肤科杂志, 28 (3): 174-176.
王俊杰, 廖元兴, 徐德兴, 王露霞, 赖日权. 1998. 冻土毛霉所致的原发性皮肤毛霉病. 中华皮肤科杂志, 31 (6): 348-350.
王俊杰, 吴燕虹, 梁洁, 樊建勇, 何竟组, 杨慧兰, 程黎扬, 齐向东, 李勤, 田野, 陈晓东. 2007. 总状毛霉千叶变种致原发性皮肤毛霉病一例. 中华皮肤科杂志, 40 (8): 464-466.
王宽仓, 查仙芳, 沈瑞清. 2009. 宁夏荒漠菌物志. 银川: 宁夏人民出版社: 1-278.
王淼焱, 丛蕾, 李敏, 刘润进. 2006. 从枝菌根真菌的三个我国新记录种. 菌物学报, 25 (2): 244-246.
王四宝, 黄勇平, 樊美珍, 李增智. 2003. 安徽大别山区虫生真菌区系的物种多样性研究. 生物多样性, 11 (6): 475-479.
王四宝, 刘竞男, 黄勃, 樊美珍, 李增智. 2004. 大别山地区虫生真菌群落结构与生态分布. 菌物学报, 23 (2): 195-203.
王卫芳, 肖建辉, 李庚花. 2000. 江西板栗坚果采后病害发生动态. 江西农业大学学报, 22 (2): 246-249.
王未名, 陆文华, 李增智. 1990. 乳突耳霉的分离和鉴定. 真菌学报, 9 (3): 239-241.
王旭亮, 王异静, 王德良, 张五九. 2012. 白酒发酵高糖化性能霉菌的筛选及鉴定. 酿酒科技, (9): 22-28.
王幼珊, 张美庆, 王克宁, 邢礼军. 1998. 我国东南沿海地区的 AM 真菌Ⅳ. 四个我国新记录种. 菌物系统, 17 (4): 301-303.
王幼珊, 张美庆, 邢礼军, 王克宁. 1996. 我国东南沿海地区的 VA 菌根真菌Ⅰ. 四种硬囊霉. 真菌学报, 15 (3): 161-165.
王毓新, 杨秀敏, 耿稚萍, 朱丽萍. 1998. 少根根霉引起鼻脑接合菌病一例. 中华皮肤科杂志, 31 (5): 327.
王云月, 马俊红, 何霞红, 杨静, 朱有勇. 2001. 马铃薯癌肿病菌分离及基因组 DNA 提取. 云南农业大学学报, 17 (4): 432-433.
王云月, 马俊红, 朱有勇. 2002. 云南省马铃薯癌肿病发生现状. 云南农业大学学报, 17 (4): 430-431.
王中康, 杨星勇, 殷幼平, 裴炎. 1998. 人工饲养麻蝇的一种蝇虫霉的鉴定和分离培养. 吉林农业大学学报, 20 (S1): 91.
旺姆, 次央, 贡布扎西. 2001. 西藏农作物病原真菌的区域分化初探. 菌物系统, 20 (4): 556-560.
吴丽莎, 王玉, 李敏, 丁兆堂, 刘润进. 2009. 崂山茶区茶树根围 AM 真菌多样性. 生物多样性, 17 (5): 499-505.
吴铁航, 郝文英, 林先贵, 施亚琴. 1994. 我国 VA 菌根真菌的两个新记录种. 真菌学报, 13 (4): 310-311.
吴铁航, 郝文英, 林先贵, 施亚琴. 1995. 红壤中 VA 菌根真菌 (球囊霉目) 的种类和生态分布. 真菌学报, 14 (2): 5.
吴文平, 张志铭. 1990. 种传真菌研究Ⅱ、河北省水稻种传真菌种的初步鉴定. 河北省科学院学报, (2): 56-65.
吴询耻, 吕士恩. 1987. 泰安发生一种桃溃疡病. 植物病理学报, (1): 39.
武觐文, 常绍慧, 王德祥. 1980. 灯蛾虫霉的观察和鉴定. 微生物学报, 20 (1): 68-71.
武觐文, 王德祥. 1984. 块状耳霉的分离、鉴定、培养和寄主范围. 真菌学报, 3 (3): 145-148.
武觐文, 王德祥, 常绍慧. 1982. 昆明地区金龟虫霉的鉴定和流行. 真菌学报, 1 (1): 27-32.
肖顺, 刘国坤, 张绍升. 2008. 寄生于根结线虫卵囊的绮丽小克银汉霉. 亚热带农业研究, 4 (2): 125-127.
肖翔, 王玉娟, 刘竞男, 王军, 吴跃进, 余增亮, 吴李君. 2007. 从枝菌根真菌 *Glomus mosseae* 单寄主培养体系的建立. 植物病理学报, 37 (3): 325-328.
肖艳萍, 李涛, 费洪运, 赵之伟. 2008. 云南金顶铅锌矿区从枝菌根真菌多样性的研究. 菌物学报, 27 (5): 652-662.
辛哲生, 熊春兰, 欧钰, 史万琪, 杨美群. 1982. 川西北高原蚕豆油壶菌疱疱病的初步研究. 植物保护, (2): 18-19.
辛哲生, 熊春兰, 张永华. 1984. 蚕豆油壶菌疱疱病及其防治的初步研究. 植物病理学报, 14 (3): 165-173.
邢晓科, 李玉, Dalpé Y. 2000. 吉林省参地中的 10 种 VA 菌根真菌. 吉林农业大学学报, 22 (2): 41-46.
徐庆丰, 宋益良, 杨敏芝. 1982. 寄生于小豆蚜的三种虫霉菌. 植物病理学报, 12 (4): 49-52.
徐天惠, 刘强. 1987. 皖西大别山区食用菌资源考察. 中国食用菌, 06 (4): 21-22.
严吉明, 叶华智. 2012. 蚕豆油壶菌火肿病的发生规律. 四川农业大学学报, 30 (3): 319-325.
严吉明, 叶华智. 2013. 巢豆油壶菌与蚕豆相互作用下植物内源激素的动态. 植物病理学报, 43 (3): 328-332.
杨安娜, 李凌飞, 赵之伟. 2004. 中国丛枝菌根真菌一新记录种. 菌物学报, 23 (4): 603-604.
杨发蓉. 1992. 云南长湖水生真菌分布研究. 云南大学学报 (自然科学版), 14 (2): 233-237.
杨发蓉, 丁骅孙. 1986. 洱海湖体真菌类群分布的研究. 云南大学学报 (自然科学版), 8 (3): 319-324.
杨克琼. 1993. 蚜霉菌及其接合孢子的培养. 植物保护, (2): 43.
杨晓贺, 顾鑫, 张瑜, 丁俊杰, 申宏波, 赵海红, 吕国忠. 2011. 分离自东北地区主要蔬菜根茎上的真菌. 菌物研究, (3): 162-167.
杨晓贺, 吕国忠, 高晓梅, 赵海红, 丁俊杰, 顾鑫. 2008. 东北地区保护地黄瓜根茎上真菌的分离与鉴定. 菌物研究, 6 (2): 88-95.
杨秀敏, 王毓新, 耿素英, 李娅娣, 周晓谦, 刘红刚, 杨庆文. 2006. 冠状耳霉引起虫霉病一例. 中华皮肤科杂志, 39 (8): 442-444.

姚翔, 邓放明, 陆宁. 2012. 自然发酵条件下腐乳醅中优势微生物的分离与初步鉴定. 食品工业科技, 33 (11): 209-211.

叶雯, 毛玲娥, 廖万清. 1996. 系统性少孢根霉病一例. 中华皮肤科杂志, 29 (5): 378.

于新江, 于大民, 张北川, 王玉翠. 1991. 国内首例由少根根霉引起的毛霉病一例. 中华皮肤科杂志, 24 (3): 201-202.

于业辉, 张守纯, 赵玉军, 石娇, 于立辉, 吕秋凤. 2006. 壶菌病与两栖动物的种群衰退. 动物学杂志, 41 (3): 118-122.

袁丽环, 闫桂琴. 2010. 丛枝菌根化翅果油树幼苗根际土壤微环境. 植物生态学报, 34 (6): 678-686.

臧穆. 1980. 滇藏高等真菌的地理分布及其资源评价. 云南植物研究, 2 (2): 152-187.

曾朝辉, 白世卓, 朱蕴绮, 王晓龙. 2011. 蟾蜍壶菌病病原遗传分化研究. 经济动物学报, 15 (3): 160-163.

曾朝辉, 白世卓, 朱蕴绮, 王晓龙. 2012. 馆藏泽蛙标本壶菌病病原实时 PCR 检测与系统发育分析. 经济动物学报, 16 (3): 168-171.

张贵云, 王永杰, 潘幸来, 吴慎杰, 李赈群. 1997. 黄土高原的 VA 菌根真菌 (VI)——摩西球囊霉、缩球囊霉及细凹面无梗囊霉. 山西大学学报 (自然科学版), (3): 92-95.

张劲, 洪艳, 白先进, 张平, 张瑛, 曾伟, 李玮, 文仁德. 2013. 广西冬葡萄贮藏中致腐微生物鉴定及生物防治. 食品科技, 38 (8): 310-315.

张俊忠, 满百膺, 傅本重, 刘丽, 韩长志. 2012. 3 株被孢霉的鉴定及其生物学特性研究. 西南林业大学学报, 32 (5): 58-61.

张美庆, 王幼珊. 1991a. VA 真菌球囊霉属种的简表. 微生物学通报, 18 (6): 367-371, 343.

张美庆, 王幼珊. 1991b. 我国北部的七种 VA 菌根真菌. 真菌学报, 10 (1): 13-21.

张美庆, 王幼珊, 黄磊. 1992. 我国北部的八种 VA 菌根真菌. 真菌学报, 11 (4): 258-267.

张美庆, 王幼珊, 王克宁, 邢礼军. 1996. 我国东南沿海的 VA 菌根真菌——II. 球囊霉属四个种. 真菌学报, 15 (4): 241-246.

张美庆, 王幼珊, 王克宁, 邢礼军. 1998. 我国东南沿海地区的 VA 菌根真菌III. 无梗囊霉属 7 个我国新记录种. 菌物系统, 17 (1): 15-18.

张美庆, 王幼珊, 邢礼军. 1997. 球囊霉目一新种. 菌物系统, 16 (4): 241-243.

张美庆, 王幼珊, 邢礼军, 张文敏, 马彦卿, 李小平. 2001. 广西平果铝矿区的三个 AM 真菌新记录种. 菌物系统, 20 (2): 271-272.

张青文, 孙秀珍, 杨奇华, 周明祥, 郑应华, 王秋旗. 1990. 塔萨虫霉及其发酵产物防治蚜虫研究初报. 植物保护学报, 17 (2): 162, 168.

张思平, 刘蔚, 胡白. 2012. 少根根霉所致皮肤毛霉病 3 例. 临床皮肤科杂志, 41 (3): 163-165.

张学才, 章淑玲. 2011. 蝴蝶兰根腐病及根际真菌的种类鉴定. 武夷科学, 27: 34-37.

张英, 高清明, 郭良栋. 2007. 中国丛枝菌根真菌七个新记录种 (英文). 菌物学报, 26 (2): 174-178.

张英, 郭良栋. 2005. 中国丛枝菌根真菌两新纪录种 (英文). 菌物学报, 24 (3): 465-467.

张英, 郭良栋, 刘润进. 2003a. 都江堰亚热带地区常见植物根围的丛枝菌根真菌 (英文). 菌物系统, 22 (2): 204-210.

张英, 郭良栋, 刘润进. 2003b. 都江堰地区丛枝菌根真菌多样性与生态研究. 植物生态学报, 27 (4): 537-544.

章靖, 莫明和, 邓敬石, 张克勤. 2005. 云南西部地区的捕食线虫真菌. 云南大学学报 (自然科学版), (1): 71-76.

赵昌平. 1993. 玉米褐斑病的发生与防治药剂筛选. 云南农业大学学报, 8: 282.

赵春青, 李多川. 2007. 嗜热真菌的分类研究概况. 菌物学报, 26 (4): 601-606.

赵丹丹, 李凌飞, 赵之伟. 2006. 中国丛枝菌根真菌的三个新记录种. 菌物学报, 25 (1): 142-144.

赵静, 唐洪辉, 常菲, 肖仕初, 夏照帆. 2013. 重度烫伤创面米根霉感染 1 例. 中国真菌学杂志, 8 (2): 99-100.

赵瑞兴, 刘淼, 武觐文. 1989. 耳霉属新记录——粉虱耳霉. 北京林业大学学报, 11 (3): 106.

赵震宇, 郭庆元. 2012. 新疆植物病害识别手册. 北京: 中国农业出版社: 1-318.

赵之伟. 1998. 云南热带、亚热带蕨类植物根际土壤中的 VA 菌根真菌. 云南植物研究, 20 (2): 183-192.

赵之伟. 1999. 四种蕨类植物根际土壤中 VA 菌根真菌孢子种群组成和季相变化. 云南植物研究, (4): 437-441.

赵之伟, 杜刚. 1997. 云南热带蕨类植物根际土壤中的六种 VA 菌根真菌. 菌物系统, 16 (3): 208-211.

赵之伟, 李习武, 王国华, 程立忠, 沙涛, 杨玲, 任立成. 2001. 西双版纳热带雨林中丛枝菌根真菌的初步研究. 菌物系统, 20 (3): 316-323.

郑本暖, 黄耀坚, 罗佳. 1989. 异孢耳霉的分离和鉴定. 微生物学通报, 16 (5): 257-259.

郑红波, 刘光华, 李昕然, 李璟, 谢洁, 乔代蓉, 曹毅. 2010. 产油脂微生物菌种的筛选、鉴定及其油脂组成分析. 四川大学学报 (自然科学版), 47 (6): 1397-1401.

郑儒永, 胡复眉. 1964. 中国毛霉目 (Mucorales) 的分类 I. 笄霉科 (Choanephoraceae). 植物分类学报, (1): 13-30.

郑儒永, 胡复眉. 1965. Gilbertella 属的一个新种. 植物分类学报, 10 (2): 105-109.

郑儒永, 刘小勇, 王亚宁. 2013. 中国新记录巴克斯霉属 Backusella 的两个分类单元 (英文). 菌物学报, (3): 330-341.

中国科学院微生物研究所. 1976. 真菌名词及名称. 北京: 科学出版社: 1-467.

中国科学院微生物研究所. 1986. 真菌名词及名称. 北京: 科学出版社: 1-467.

钟凯, 袁玉清, 赵洪海, 王淼焱, 刘润进. 2010. 泰山丛枝菌根真菌群落结构特征. 菌物学报, 29 (1): 44-50.

周村建, 王莉, 徐艳, 钟白玉, 郝飞. 2011. 多变根毛霉致面部皮肤毛霉病 1 例. 中国真菌学杂志, 06 (6): 361-362.

周湘, 冯明光, 黄志宏. 2012. 蚜科专化菌努利虫疠霉菌种超低温储存. 菌物学报, 31 (2): 285-291.

周志权, 黄泽余. 2001. 广西红树林的病原真菌及其生态学特点. 广西植物, 21 (2): 157-162.

Adler PH, Wang ZM, Beard CE. 1996. First records of natural enemies from Chinese blackflies (Diptera Simuliidae). Medical Entomology and Zoology, 47 (3): 291-292.

Cai BP, Guo LD, Chen JY, Zhang QX. 2013. *Glomus mume* and *Kuklospora spinosa*: two new species of Glomeromycota from China. Mycotaxon, 124: 263-268.

Chai R, Zhang G, Sun Q, Zhang MY, Zhao SJ, Qiu LY. 2013. Liposome-mediated mycelial transformation of filamentous fungi. Fungal Biology, 117 (9): 577-583.

Chang Y. 1967. *Linderina macrospora* sp. nov. from Hong Kong. Transactions of the British Mycological Society, 50 (2): 311-314.

Chen CC, Liou GY, Lee FL. 2007. *Rhizopus* and related species from peka in Taiwan. Fungal Science, 22 (1, 2): 51-57.

Chen FJ. 1992a. *Haplosporangium*—a new record genus of Mucorales from China. Mycosystema, 1992 (5): 19-22.

Chen FJ. 1992b. *Mortierella* species in China. Mycosystema, 1992 (5): 23-64.

Chen GQ, Zheng RY. 1998. A new thermophilic variety of *Absidia idahoensis* from China. Mycotaxon, LXIX: 173-179.

Chen GY, Chen ZC. 1990. Thermophilic and thermotolerant fungi in Taiwan (Ⅱ). Taiwania, 35 (3): 191-197.

Chen SF. 2014. Morphology and zoospore ultrastructure of *Chytriomyces multioperculatus* (Chytridiales). Taiwania, 59 (4): 287-291.

Chen SF, Chien CY. 1996. Morphology and zoospore ultrastructure of *Rhizophydium macroporosum* (Chytridiales). Taiwania, 41 (2): 105-112.

Chien CY, Hwang BC. 1997. First record of the occurrence of *Sporodiniella urnbellata* (Mucorales) in Taiwan. Mycoscience, 38: 343-346.

Chuang SC, Ho HM. 2009. Notes on Zygomycetes of Taiwan (Ⅶ): two Kickxellalean species, *Linderina macrospora* and *Ramicandelaber brevisporus* new to Taiwan. Fungal Science, 24: 223-28.

Chuang SC, Ho HM. 2011. The Merosporangiferous Fungi from Taiwan (Ⅷ): Two New Records of *Coemansia* (Kickxellales, Kickxellomycotina). Taiwania, 56 (4): 295-300.

Ho H, Benny NL. 2007. Two new species of *Syncephalis* from Taiwan, with a key to the *Syncephalis* species found in Taiwan. Botanical Studies, 48 (3): 319-324.

Ho HM. 1995a. Notes on two coprophilous species of the genus *Circinella* (Mucorales) from Taiwan. Fungal Science, 10 (1-4): 23-27.

Ho HM. 1995b. Zygospore wall in early stage of *Rhizopus sexualis* (Mucoraceae) smooth or warted. Fungal Science, 10 (1-4): 29-31.

Ho HM. 1996. The outdoor fungal airspora in Hualien (Ⅰ)—the agar plate method. Taiwania, 41 (1): 67-80.

Ho HM. 2000. Notes on Zygomycetes of Taiwan (Ⅰ). Fungal Science, 15 (1-2): 65-68.

Ho HM. 2001. The Merosporangiferous fungi from Taiwan (Ⅰ): two new records of *Syncephalis*. Taiwania, 46 (4): 318-324.

Ho HM. 2002a. Notes on Zygomycetes of Taiwan (Ⅱ): two Thamnidiaceae (Mucorales) fungi. Fungal Science, 17 (3-4): 87-92.

Ho HM. 2002b. The merosporangiferous fungi from Taiwan (Ⅱ): two new records of *Syncephalis*. Taiwania, 47 (1): 37-42.

Ho HM. 2003. The Merosporangiferous fungi from Taiwan (Ⅲ): three new records of Piptocephalidaceae (Zoopagales, Zygomycetes). Taiwania, 48 (1): 53-59.

Ho HM. 2004. The Merosporangiferous Fungi from Taiwan (Ⅳ): two new records of *Piptocephalis* (Piptocephalidaceae, Zoopagales). Taiwania, 49 (3): 188-193.

Ho HM. 2006a. The Merosporangiferous Fungi from Taiwan (Ⅵ): two new records of *Piptocephalis* (Piptocephalidaceae, Zoopagales, Zygomycetes). Taiwania, 51 (3): 210-213.

Ho HM. 2006b. A new species of *Piptocephalis* from Taiwan. Botanical Studies, (47): 453-456.

Ho HM, Chang LL. 2003. Notes on Zygomycetes of Taiwan (Ⅲ): two *Blakeslea* species (Choanephoraceae) new to Taiwan. Taiwania, 48 (4): 232-238.

Ho HM, Chen ZC. 1990. Morphological study of *Gongronella butleri* (Mucorales) from Taiwan. Taiwania, 35 (4): 259-263.

Ho HM, Chien CY, Chuang SC. 2007. Notes on Zygomycetes of Taiwan (Ⅴ): *Linderina pennispora* new to Taiwan. Fungal Science, 22 (01-02): 35-38.

Ho HM, Chuang SC. 2010. Notes on Zygomycetes of Taiwan (Ⅸ): two new records of *Dispira* (Dimargaritales, Zygomycetes) in Taiwan. Fungal Science, 25 (1): 13-18.

Ho HM, Chuang SC, Chen SJ. 2004. Notes on Zygomycetes of Taiwan (Ⅳ): three *Absidia* species (Mucoraceae). Fungal Science, 19 (3-4): 125-131.

Ho HM, Chuang SC, Hsien CY. 2008. Notes on Zygomycetes of Taiwan (Ⅵ): *Chaetocladium brefeldii* new to Taiwan. Fungal Science, 23: 21-25.

Ho HM, Gerald LB. 2008. A new species of *Syncephalis* from Taiwan. Botanical Studies, (49): 45-48.

Ho HM, Hsu CH. 2005. The Merosporangiferous Fungi from Taiwan (Ⅴ): two new records of *Coemansia* (Kickxellaceae, Kickxellales, Zygomycetes). Taiwania, 50 (1): 22-28.

Ho HM, Kirk PM. 2009. *Piptocephalis formosana*, a new species from Taiwan. Botanical Studies, 50 (1): 69-72.

Ho NSM, Yang BY, Devol CE. 1974. Studies of the Mucorales isolated from Yang-Ming-Shan humus. Taiwania, 19 (1): 75-87.

Ho WH, Yanna, Hyde KD, Hodgkiss IJ. 2002. Seasonality and sequential occurrence of fungi on wood submerged in Tai PoKau Forest Stream, HongKong. Fungal Diversity, 10: 21-43.

Hou YH, Ho HM. 2010. The merosporangiferous fungi from Taiwan (Ⅶ): two new records of *Piptocephalis*. Fungal Science, 25 (1): 19-24.

Hsu MJ, Agoramoorthy G. 2001. Occurrence and diversity of thermophilous soil microfungi in forest and cave ecosystems of Taiwan. Fungal Diversity, 7: 27-33.

Hsu TH, Ho HM. 2010. Notes on Zygomycetes of Taiwan (Ⅷ): three new records of *Absidia* in Taiwan. Fungal Science, 25 (1): 5-11.

Huang ZH, Feng MG. 2008. Resting spore formation of aphid-pathogenic fungus *Pandora nouryi* depends on the concentration of infective inoculum. Environmental Microbiology, 10 (7): 1912-1916.

Jiang XZ, Yu HY, Xiang MC, Liu XY, Liu XZ. 2011. *Echinochlamydosporium variabile*, a new genus and species of Zygomycota from soil nematodes. Fungal Diversity, 2011 (46): 43-51.

Ko MC, Wang PH. 2006. New records of genus *Stachylina* (Trichomycetes) in Taiwan. Fungal Science, 21 (1, 2): 13-15.

Kurihara Y, Tokumasu SJ, Chien CY. 2000. *Coemansia furcata* sp. nov. and its distribution in Japan and Taiwan. Mycoscience, 41: 579-583.

Li W, Xu WA, Sheng CF, Wang HT, Xuan WJ. 2006. Factors affecting sporulation and germination of *Pandora nouryi* (Entomophthorales: Entomophthoraecae), a pathogen of *Myzus persica*. Biocontrol Science and Technology, 16 (05-06): 647-652.

Li ZZ, Fan MZ, Wang B, Huang B. 1999. Entomophthoralean Fungi in China. Journal of Anhui Agricultural University, 26 (3): 286-291.

Lin TC, Yen CH. 2011. *Racocetra undulata*, a new species in the Glomeromycetes from Taiwan. Mycotaxon, 116: 401-406.

Liu CH, Yang BY. 1973. Studies on certain species of Taiwan Mucorales. Taiwania, 18 (1): 73-82.

Liu CW, Liou GY, Chien CY. 2005. New records of the genus *Cunninghamella* (Mucorales) in Taiwan. Fungal Science, 20 (01-02): 1-9.

Liu XY, Zheng RY. 2015. New taxa of *Ambomucor* (Mucorales, Mucoromycotina) from China. Mycotaxon, 130: 165-171.

Nie Yong, Yu CZ, Liu XY, Huang B. 2012. A new species of *Conidiobolus* (Ancylistaceae) from Anhui, China. Mycotaxon, 120: 427-435.

Ou SH. 1940. Phycomycetes of China Ⅱ. Sinensia, 11 (05-06): 427-449.

Strongman DB, Wang J, Xu SQ. 2010. New Trichomycetes from western China. Mycologia, 102 (1): 174-184.

Strongman DB, Xu SQ. 2006. Trichomycetes from China and the description of three new *Smittium* species. Mycologia, 98 (3): 479-487.

Tseng HY, Chen ZC. 1981. Preliminary study of fungi flora on stored feeds. Taiwania, 26: 68-89.

Volz P, Hsu YC, Liu CH. 1974. Frese water fungi of Northern Taiwan. Taiwania, 19 (2): 230-234.

Wang J, Xu SQ, Strongman DB. 2010. Two new Harpellales inhabiting the digestive tracts of midge larvae and other Trichomycetes from Tianshan Mountains, China. Mycologia, 102 (1): 135-141.

Wang WM, Lu WH, Li ZZ. 1994. *Furia shandongensis* (Zygomycetes: Entomophthorales) a new pathogen of earwigs. Mycotaxon, L: 301-306.

Wang YN, Liu XY, Zheng RY. 2013. Four new species records of *Umbelopsis* (Mucoromycotina) from China. Journal of Mycology, 2013: 1-6.

Wang YN, Liu XY, Zheng RY. 2014. *Umbelopsis changbaiensis* sp. nov. from China and the typification of *Mortierella vinacea*. Mycological progress, 13 (3): 657-669.

Wu CG, Lin SJ. 1997. Endogonales in Taiwan: a new genus with unizygosporic sporaocarps and a hyphal mantle. Mycotaxon, LXIV: 179-188.

Wu CG, Liu YS, Hwuang YL, Wang YP, Chao CC. 1995. Glomales of Taiwan V. *Glomus chimonobambusae* and *Entrophospora kentinensis*, spp. nov. Mycotaxon, LIII: 283-294.

Xu JH, Feng MG. 2002. *Pandora delphacis* (Entomophthorales: Entomophthoraceae) infection affects the fecundity and population dynamics of *Myzus* persicae (Homoptera: Aphididae) at varying regimes of temperature and relative humidity in the laboratory. Biological Control, 25 (1): 85-91.

Yang BY, Liu CH. 1972. Preliminary studies on Taiwan Mucorales (Ⅰ). Taiwania, 17 (3): 293-303.

Yang LW, Ho HM, Chien CY. 2012. Notes on Zygomycetes of Taiwan (Ⅹ): the genus *Lichtheimia* in Taiwan. Fungal Science, 27 (2): 109-120.

Zhao ZT, Li LL, Wan Z, Chen W, Liu HG, Li RY. 2011. Simultaneous detection and identification of Aspergillus and Mucorales species in tissues collected from patients with fungal Rhinosinusitis. Journal of Clinical Microbiology, 49 (4): 1501-1507.

Zhao ZW, Wang GH, Yang L. 2003. Biodiversity of arbuscular mycorrhizal fungi in a tropical rainforest of Xishuangbanna, Southwest China. Fungal Diversity, 13: 233-242.

Zheng RY, Chen GQ. 1986. *Blakeslea sinensis* sp. nov., a further proof for retaining the genus *Blakeslea*. Acta Mycologica Sinica, Suppl. Ⅰ: 40-55.

Zheng RY, Chen GQ. 1992. Should *Cunninghamella polymorpha, C. phaeospora* and *C. brunnea* be accepted as distinct species. Mycosystema, 1992 (5): 1-17.

Zheng RY, Chen GQ. 1993. Another non-thermophilic *Rhizomucor* causing human primary cutaneous mucormycosis. Mycosystema, 1993 (6): 1-12.

Zheng RY, Chen GQ. 1994. *Cunninghamella phaeospora* var. *multiverticillata* var. nov. and its mating with var. *phaeospora*. Mycosystema, 1994 (7): 1-11.

Zheng RY, Chen GQ. 1998a. *Cunninghamella clavata* sp. nov., a fungus with an unusual type of branching of sporophore. Mycotaxon, LXIX: 187-198.

Zheng RY, Chen GQ. 1998b. *Rhizopus microsporus* var. *tuberosus* var. nov. Mycotaxon, LXIX: 181-186.

Zheng RY, Chen GQ. 2001. A monograph of *Cunninghamella*. Mycotaxon, LXXX: 1-75.

Zheng RY, Chen GQ, Huang H, Liu XY. 2007. A monograph of *Rhizopus*. Sydomia, 59 (2): 273-372.

Zheng RY, Hong J. 1995. *Rhizomucor endophyticus* sp. nov., an endophytic zygomycetes from higher plants. Mycotaxon, LVI: 455-466.

Zheng RY, Liu XY. 2005. *Actinomucor elegans* var. *meitauzae*, the correct name for *A. taiwanensis* and *Mucor meitauzae* (Mucorales, Zygomycota). Nova Hedwigia, 80 (3-4): 419-431.

Zheng RY, Liu XY. 2009. Taxa of *Pilaira* (Mucorales, Zygomycota) from China. Nova Hedwigia, 88 (1-2): 255-267.

Zheng RY, Liu XY. 2013. *Ambomucor* gen. & spp. nov. from China. Mycotaxon, 126: 97-108.

Zheng RY, Liu XY, Li RY. 2009. More *Rhizomucor* causing human mucormycosis from China: *R. chlamydosporus* sp. nov. Sydowia, 61 (1): 135-147.

Zhou X, Feng MG, Zhang LQ. 2012. The role of temperature on in vivoresting spore formation of the aphid-specific pathogen *Pandora nouryi* (Zygomycota: Entomophthorales) under winter field conditions. Biocontrol Science and Technology, 22 (1): 93-100.

Zhuang WY. 2005. Fungi of Northwestern China. Mycotaxon Ltd. Ithaca: 1-430.

汉语学名索引

拉丁学名索引

Glomus gibbosum, 14
Glomus glomerulatum, 14
Glomus heterosporum, 14
Glomus hoi, 14
Glomus hyderabadensis, 14
Glomus macrocarpum, 14
Glomus magnicaule, 14
Glomus melanosporum, 14
Glomus microcarpum, 14
Glomus monosporum, 14
Glomus mortonii, 14
Glomus multicaule, 14
Glomus multiforum, 15
Glomus multisubstensum, 15
Glomus nanolumen, 15
Glomus pallidum, 15
Glomus pansihalos, 15
Glomus pubescens, 15
Glomus pustulatum, 15
Glomus radiatum, 15
Glomus reticulatum, 15
Glomus rubiforme, 15
Glomus segmentatum, 15
Glomus sinuosum, 15
Glomus spinuliferum, 15
Glomus tenebrosum, 16
Glomus tenue, 16
Glomus walkeri, 16
Glomus warcupii, 16
Glomus zaozhuangianum, 16
Glotzia, 28
Glotzia ephemeridarum, 28
Gongronella, 33
Gongronella butleri, 33

H

Haplosporangium, 29
Haplosporangium attenuatissimum, 29
Harpella, 27
Harpella melusinae, 27
Harpellaceae, 27
Harpellales, 27
Harpochytriaceae, 18
Harpochytrium, 18
Harpochytrium hedenii, 18
Harpochytrium intermedium, 18
Helicocephalidaceae, 38

K

Kickxellaceae, 28
Kickxellales, 28
Kuklospora, 6
Kuklospora spinosa, 6

L

Legeriomyces, 28
Legeriomyces grandis, 28
Legeriomyces ramosus, 28
Legeriomycetaceae, 28
Legeriosimilis, 28
Legeriosimilis elegans, 28
Lichtheimia, 33
Lichtheimia corymbifera, 33
Lichtheimia hyalospora, 33
Lichtheimia ornata, 33
Lichtheimia ramosa, 33
Lichtheimiaceae, 33
Linderina, 29
Linderina macrospora, 29
Linderina pennispora, 29

M

Monoblepharidaceae, 18
Monoblepharidales, 18
Monoblepharidomycetes, 18
Monoblepharis, 18
Monoblepharis polymorpha, 18
Mortierella, 29
Mortierella alpina, 29
Mortierella bisporalis, 29
Mortierella elongata, 30
Mortierella exigua, 30
Mortierella fimbriata, 30
Mortierella gamsii, 30
Mortierella gemmifera, 30
Mortierella globalpina, 30
Mortierella horticola, 30
Mortierella hyalina, 30
Mortierella indohii, 30
Mortierella jenkinii, 30
Mortierella minutissima, 30
Mortierella mutabilis, 30
Mortierella parvispora, 30
Mortierella polycephala, 30
Mortierella reticulata, 30
Mortierella verrucosa, 30
Mortierella verticillata, 31
Mortierella wuyishanensis, 31
Mortierella zychae, 31
Mortierellaceae, 29
Mortierellales, 29
Mucor, 34
Mucor abundans, 34
Mucor adventitius, 34
Mucor circinelloides, 34
Mucor corticola, 34

Mucor durus, 34
Mucor endophyticus, 34
Mucor falcatus, 34
Mucor foenicola, 34
Mucor genevensis, 34
Mucor gigasporus, 34
Mucor heterogamus, 34
Mucor heterosporus, 35
Mucor hiemalis, 35
Mucor indicus, 35
Mucor irregularis, 35
Mucor lausannensis, 35
Mucor luteus, 35
Mucor moelleri, 35
Mucor parvisporus, 35
Mucor piriformis, 35
Mucor plumbeus, 35
Mucor racemosus, 35
Mucor variosporus, 35
Mucoraceae, 33
Mucorales, 31

N

Neocallimastigaceae, 19
Neocallimastigales, 19
Neocallimastigomycetes, 19
Neozygitaceae, 27
Neozygites, 27
Neozygites floridanus, 27
Neozygites fresenii, 27
Neozygites lageniformis, 27

O

Olpidiaceae, 2
Olpidiales, 2
Olpidiaster, 2
Olpidiaster brassicae, 2
Olpidium, 2
Olpidium luxurians, 2
Olpidium maritimum, 2
Olpidium viciae, 2
Orpinomyces, 19
Orpinomyces bovis, 19

P

Pacispora, 10
Pacispora boliviana, 10
Pacispora chimonobambusae, 10
Pacispora dominikii, 10
Pacispora robigina, 10
Pacispora scintillans, 10
Pacisporaceae, 10